呂昇達老師

dessert du Bonheur

幸福的柔軟甜點

呂昇達⊙著

很開心看到昇達又寫下一本精采的書籍，總是站在讀者的立場，從家庭使用為出發，少量精準的配方製作甜點，並且將許多複雜困難的做法加以改良，讓更多人能夠輕鬆製作。

書中最有趣的就是以柔軟和美味為出發點，這樣的想法是很多師父比較少思考過的，除了正統道地之外，還能夠兼顧全家人的需求，希望這本書能讓所有讀者感受到幸福的烘焙世界。

葉連德 博士

國立高雄餐旅大學 烘焙管理系系主任

不知不覺與昇達師傅相遇已超過 10 幾年，在各個領域上的精進與學習，著實令人佩服。尤其是近幾年來著重於技術教學的領域，將繁瑣困難的甜點技術轉換成為標準化的系統流程，並且有條理的解說細部，以紮實的理論基礎做出發，這本甜點書籍正是集大成的菁華。

朋友之間互相學習成長，一本書就有如認識一位師傅，在此向您推薦這本好書。

Jason 2018.8.26

Agnés b. CAFÉ 台灣區點心房主廚／台北福華飯店主廚／台北君悅酒店點心房副主廚
2019 世界盃甜點大賽 coupe du monde de la pâtisserie 台灣代表隊隊長

認識昇達是十多年前，當時昇達還在口福堂，我還在銘珍的時候，在昇達一次委託製作紅豆餡的拜訪，那次雖然生意沒有做成，報價僅以 0.5 元之差沒拿到訂單，可是卻展開了多年來的友誼。

一路看昇達從口福堂，去澳洲藍帶，新竹的日本料理店長，擔任學校老師，在台中夢饗烘焙開店，人生低潮，到重新爬起來，教學，出書，人生活得越來越精采，實在替這位好朋友感到開心！

昇達的課和書之所以那麼受歡迎，是因為他把他全部的生命都花在烘焙上，在教學上！或許應該說烘焙就是他的生命吧！他總是想辦法把艱深的烘焙理論，化為淺顯易懂，大家都會的做法，而在烘焙食材的選擇上，也是用最安全美味且易購的食材。

去年昇達無意間的一句「如何可以讓大家在家裡吃自己做的月餅？」開始有了呂昇達老師監製豆沙餡的合作！你也許不知道，為了做出最安全最頂級的紅豆餡給大家，昇達跟著我們跑遍高雄、屏東的紅豆田，就是為了要做出有政府認證的生產履歷的紅豆餡！你也許不知道，昇達為了做出頂級的烏豆沙和綠豆沙，不下 20 次的從高雄北上淡水，一次一次測試，要把法國頂級的藍絲可奶油和法芙娜巧克力這些史無前例的頂級食材，融入傳統的中式糕餅餡內！這種精神真的令

人佩服！

這本書淺顯易懂，是任何人都可以在家自學的烘焙工具書！強力推薦給大家！

林文炳

前 銘珍食品廠有限公司 總經理／廣州 西點台北 創辦人／
麵包劇場 Alter Ego 1892 創辦人

認識呂昇達老師的時候，他已經是烘焙界的網紅了，所以在這裡就不錦上添花的談他有多紅多厲害了。對於合作廠商來說，呂昇達老師是一位很棒的夥伴，他對產品的品質非常要求，而且願意花時間徹底了解產品，並運用他的專業把商品的優點發揮到極致。

這不是呂昇達老師的第一本書，但老師的每一本書都很值得收藏，這次的甜點書不僅成品很精緻，配方跟操作方式也淺顯易懂，讓讀者們更輕鬆的在家也能複製出一樣的成品，外行如我也跟著老師的食譜百戰百勝。

有了這本書，跟著老師 step by step 的做出美味又健康的甜點，讓身邊的家人朋友一起感受幸福的滋味吧～

充滿希望和愛的幸福食譜，家裡一定要有一本啊！

Abigail

萬記貿易行銷總監

第一次見到昇達老師是在一場外師的講習會中，他的發問與流利的英文，深深的讓我覺得他在發光！後來在義大利之旅的相處，讓人不禁發自內心覺得他的偉大，昇達式的教學與書籍就像他的人一樣，讓人發自內心的感受到溫暖與平易近人，讓蛋糕與麵包之中增加了許多的溫度，Stay hungry,stay foolish 這就是我認識的烘焙暖男—呂昇達老師。

徐崇銘

嘉崧企業 烘焙事業群資深經理

與呂昇達老師第一次見面時，他的隨性穿著令我印象深刻，但是他的言行舉止讓我更驚豔，沒想到呂老師的腦中有許多非常廣闊的構想，頓時讓我非常欽佩。呂老師來洽談的同時，也把我們工廠仔細的看了一遍，確認非常多的細節之後，才坐下來深談，他也說道：每一個配合的廠商，

他都要親自仔細的看過、確認過、了解過，他才會繼續跟對方洽談，這是他的堅持。也因為有這份堅持，才讓大家可以安心使用呂老師所推薦的商品。

　　我自己是廠商，但我也是想要學習烘焙的學生，自己想要了解蛋液可以做哪些麵包或是哪些甜點，自己更了解自家的商品之後，才有辦法推薦給更多人使用，而我看了老師的書，在家試著動手作出來的成品，帶來非常大的成就感，用老師推薦的食材配合老師的書，淺顯易懂！讓我不得不推薦呂昇達老師的書！實在是非常實用的書，說是工具書也不為過，有好的內容，值得我們擁有一輩子！

李孟璁

上豐蛋品 專案經理

推薦序　――――――――――――――――――――――――――――――

　　認識昇達太久，前一陣子聊天提到出書速度。他打趣笑著說，因為缺錢啊！

　　但是，出書其實並不賺錢啊！昇達的食譜，我身為同學也看了不少。昇達的配方看起來都很簡單。複雜的部分，他都把它簡化了！一個好配方，要把它簡化比複雜化更加困難。對食材特性了解越高，簡化程度越高。

　　而更有趣的是，一旦牽涉到配方平衡或風味的問題，比起用複雜技術去完成，昇達更傾向於使用好食材與物料去將產品完成。這點完全可以從他所擔任過顧問的產品看出來。

　　昇達在食材雞蛋解釋的見解，對於一年要敲一萬多個蛋的我，看了更是有極大認同感。雞蛋品質好壞，完全左右甜點風味美味與否啊！麵粉也是，奶油也是……

　　能帶給人幸福的柔軟甜點……這是一本完全打動到我的書啊！

張祐千

MT49 芒果樹四十九號咖啡店 負責人

推薦序　――――――――――――――――――――――――――――――

　　甜點一向具有無比的吸引力，而其中，充滿空氣感、柔潤滑順的甜點，因為口感佳、無沉重負擔，接受年齡層廣，是近年興起的一股風潮；而這種讓人品嘗後感覺漫步在雲端、忍不住一口接一口的風味，對我而言也是難以抗拒的。

　　認識呂昇達老師短短幾年的時間，在我眼中的他原本就是位名師，幽默風趣，卻能在談笑間，逐步把一些原本應該是很艱澀的烘焙知識帶進聆聽者的內心，也能深入淺出的藉由生動教學，讓原本並不具備任何經驗的朋友們，也能輕易享受到烘焙的樂趣與成就感；而這背後實際上是多年的實戰經歷與不斷學習的成果累積。

　　這本書承襲了呂老師一貫的精神，將紮實的烘焙知識，藉由生動且不難操作的手法傳達給讀

者，而作品與作品間也都具備了共同的主題：柔潤、美味、操作容易。我深深的覺得，能夠輕鬆愉快做出美味的甜點犒賞自己、與親友共享，是很美好的一件事，也誠摯希望閱讀本書的讀者朋友們都能體驗這樣的美好。

SC

馬卡龍叔叔

推薦序 ————————————————————————————

　　我所認識的呂老師，是個既細心又風趣專業的人。在本書的拍攝期間，老師控制全場進度、何時進行哪個步驟、在不同產品間的製作、烘烤過程，在他的心中都已事先計畫好。信手捻來，沒有一絲的零亂，一切的運籌帷幄都是行雲流水間完成。他的細心，也在本書的食譜設計上面兼顧：除了基本功的教學，還貼心增加製作過程中的疑問講解、步驟解釋、如何避免錯誤、挽救錯誤等。老師已先行設計出對應的解決方案，讓讀者在參照本書製作的同時不致手忙腳亂。加上不同甜點產品之間技巧可以交互應用、製作剩餘的部分還可用於其他甜點，完全不浪費材料、金錢，讓大家也能享受名店等級平價消費的自家製點心。

　　呂老師將他多年來專業廚房的經驗，以淺顯易懂的教學方式、美味好操作的配方，讓讀者學生們可以在家裡廚房中，以適當不花俏的道具，做出美味受歡迎的點心。這本籌備已久的主題食譜書：柔軟甜點系列終於出版了！市面上少見的跨領域主題食譜：結合各種質地柔軟、口感細緻的甜點，主題式的分類，讓大家可以按照自己的需求，製作變化出不同的成品。有了這本書，絕對讓您功力大增、甜點技巧更上一層。

蔡明軒

藍帶助理

推薦序 ————————————————————————————

　　我原是個朝九晚五的上班族，每天面對硬邦邦的電腦、鍵盤和話機過著辦公室生活，從沒想過人生會與麵粉、奶油和甜點為伍，原以為會枯燥乏味的過完一生，卻出乎預料一頭栽進甜點的世界，無可自拔的愛上甜點烘焙，並取得日本東京藍帶學校甜點班畢業。

　　兩年前因緣際會之下認識了呂昇達老師，此次協助老師拍攝新書的過程，更深的體會到老師的用心，用簡單明瞭的配方，做出極佳的口感。

　　這些看似精品的甜點，其實都是最家常最傳統的味道，你也可以在家輕鬆就做出來品嘗喲。

鍾雅喬

Emma's 幸福手作甜點

想寫一本
不一樣的甜點書

甜點的世界浩瀚無涯，找尋著屬於自己的一片天地。

　　構思這本新的蛋糕書時，我想起自己製作甜點的初心──想製作出「帶給人幸福的甜點」。

　　什麼是幸福的甜點呢？我認為入口即化的柔軟感，最讓人有放鬆的感覺，因此感到幸福！柔軟的甜點口感，一直是我身為甜點師傅所追求的目標，期許自己持續創作出的甜點作品，成為人們一口再一口的甜美回憶，不只滿足口與胃，也慰藉心靈。

　　「帶給人幸福的柔軟甜點」成為了本書的設計理念，老師精選了各式鬆軟、綿密、好吃的甜點，所有配方都是經過我不斷調整修正而成，希望讓大家使用家中的基本設備，就足以做出五星級主廚等級的甜點作品。所以書中操作都以小烤箱完成，但要提醒大家，由於每家廠商和機器會有不同的差異，烘焙所需的溫度和實際時間會有不同，請大家在居家操作時，務必再做修正調整。小烤箱使用之前，請記得先預熱 20 ～ 30 分鐘。

　　也因為是希望讓讀者們能夠在家中就輕鬆製作，書中配方完全沒有太困難取得的原物料，只要到一般超市或烘焙材料店，都能輕鬆購得本書食材。配方也完全沒有加入任何的化學膨脹劑，盡量以天然的方式表現，讓同學們的親朋好友都吃得安心；甜點的色彩變化均以原色為基礎，將顏色變化交給讀者學生們，歡迎大家用書中配方，再加上自己色彩喜好，做出專屬自己的甜點變化喔。每道甜點的分量都以小家庭為主，並且是美味的最低基本製作量來調整配方，因此請讀者製作時，盡量避免減少配方重量，讓食材能夠充分發揮釋放屬於自己的完美風味，成就出幸福吧！

　　拍攝過程中感謝張丹雅烘焙教室以及 Cuisinart 美膳雅、YAMASAKI · 山崎家電的大力協助，還有布克文化、小助手呂昀餉、吳美香、蔡明軒、鍾雅喬等的共同努力，才讓這一本書有得以問世的機會！

　　希望讀者能以愉悅的心情，依書中步驟，輕鬆製作甜點，相信一定能帶給親友、家人們最大的幸福；如果是有志從事烘焙相關領域工作者，這本書也是很好的開端，因為甜點的學習正是一點一滴累積出來，甜點的世界浩瀚無涯，我們都在找尋著屬於自己的一片天地，希望大家都能逐步完成自己的甜點夢想。♥

Contents
目錄

柔軟甜點的六大基本食材

雞蛋、奶油、糖、麵粉、鮮奶油、鮮奶

本書配方中沒有泡打粉也沒有塔塔粉，堅持「不加入任何化學膨脹劑」的特點，不將過多的添加物帶入家庭廚房中，而盡量天然呈現糕點的原色原味。也因此基本食材的新鮮度及品質要有所要求才會讓甜點更美味喔。

蛋

選蛋最重要的就是要選用新鮮的蛋。

學習製作蛋糕甜點時，與其花時間討論配方好壞，不如先來想一下，「蛋糕」為什麼會叫做「蛋糕」，正因為這是以蛋為基礎而製作的甜點啊！明明是以蛋為基礎，很多人卻忽略了蛋的品質，老師覺得這真是最傻的一件事。如果蛋不好吃，做出來的甜點又怎麼可能好吃呢？蛋正是做蛋糕甜點最重要的食材，蛋的味道是蛋糕的骨架，不新鮮就無法凸顯其它食材的風味，加上老師給大家的配方，都沒有多餘香料，所以不新鮮的蛋很可能會讓蛋糕吃起來有蛋腥味，因此挑選蛋的品質是我們做甜點的職人最重要的一件事喔。請以新鮮為最優先考量，再依自己經濟許可範圍內考慮等級即可。

無鹽奶油

油類原料能使蛋糕鬆軟，也是產生香味的由來，本書使用的無鹽奶油均為法國藍絲可發酵奶油，與一般無鹽奶油的差異，是發酵奶油有先加入乳酸菌進行發酵過程，讓奶油的分子變得更細緻，同時也讓奶油多一股香氣，更增加化口性與豐富性。

糖

是選擇性最多元化的基本食材，市面常見的細砂糖、二糖、黑糖還有蜂蜜、楓糖漿，甚至日本和三盆糖或法國鸚鵡糖等等，都能創造出截然不同的風味。如果是以幫助蛋白打發而言，沒有多餘雜質的細砂糖還是最好的選擇，但製作馬卡龍時，卻是加入糖粉打發蛋白，這是因為馬卡龍配方需要的是容易溶解的糖。

麵粉

　　首先提醒大家，所有的麵粉，請務必先過篩後再使用。

　　麵粉的挑選，完全以新鮮度為優先考量。很多人買了麵粉就擱著，使用前從來沒檢查一下是否超過保存期限；其實麵粉裡有酵素成分，所以只要放久，麵粉是會腐敗的，新不新鮮真的很重要，製作甜點時，一旦麵粉不新鮮，絕對做不出好吃的原味糕點。另外，這本書以柔軟甜點為主軸，為了可以做出鬆軟的感覺，建議使用蛋白質含量在 8% 以下的低筋麵粉，最理想的選擇是蛋白質含量 6～7% 的低筋麵粉。

鮮奶油

　　屬於打發性類別食材。我們這本書所使用的是藍絲可動物性鮮奶油。動物性鮮奶油是以鮮奶製成，植物性鮮奶油則是以植物油製作不含任何鮮奶。以健康觀念及一般家庭慣用的考量，選用動物性鮮奶油，不管是化口性或天然性是最好的。

鮮奶

　　製作甜點，最好的選擇就是使用新鮮鮮奶，其次可以選用保久奶，但絕對不可以選用「還原奶」，還原奶是以奶粉跟水還有油脂調合而成，會有添加物而非全天然，老師希望大家製作的甜點，都能以最天然方式呈現。

PLUS 風味講究：巧克力

　　書中步驟示範，使用的巧克力是可可聯盟巧克力，包括莊園等級的祕魯 62% 黑巧克力以及白巧克力、巧克力粉。近年世界各地開始講究食物的里程數，可可聯盟巧克力就是強調當地生產、就近當地製作完成，才送往世界各地銷售，而非其他品牌以往把巧克力可可豆運往各國，再行後續製作的方式。可可聯盟所使用的是全世界占比僅 5% 的稀有原生豆，巧克力風味強烈。不過如果同學們沒有這種巧克力也沒關係，因為本書配方重點在於苦甜巧克力的挑選以 62% 為基準，當然同學們想改用 58% 或 66% 巧克力也可自由選擇，依個人喜好即可。

免模型的柔軟甜點

邁出甜點職人的第一步
從基礎累積一點一滴的小小幸福

重點主角：法式馬卡龍

法式馬卡龍

🌸 最佳賞味期 冷藏 **3** 天／冷凍 **7** 天

呂老師 Note

等待麵糊表面全乾後再烘烤是很重要的步驟，不風乾表面就進烤箱會很容易裂開，但也要注意不要風乾太久，否則烤出來會不亮。

免模型的柔軟甜點

製作分量

8g+8g × 30 個

烤箱設定

150℃ ⏱ 14 ～ 16 分鐘

主要器具

鋼盆
手持攪拌器
長刮刀
烤盤

配方食材

• **馬卡龍**
蛋白 100g
砂糖 30g
杏仁粉 150g
純糖粉 200g

• **檸檬巧克力餡**
吉利丁片 3g
動物性鮮奶油 100g
白巧克力 100g
檸檬皮 半顆

步　驟

• 馬卡龍

1 蛋白加入砂糖。

2 打發至半乾性發泡的蛋白是略堅挺的狀態。

3 杏仁粉及純糖粉先過篩兩次後再加入。

4 切拌及輕壓的方式拌匀，避免蛋白消泡。

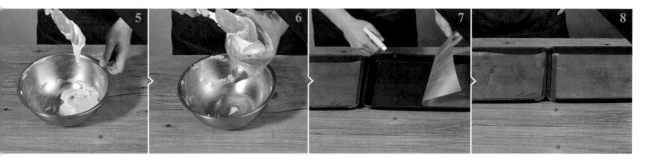

5 持續攪拌，直到有一點流性，能慢慢垂淌。

6 裝進擠花袋。

7 烤盤底先噴一點水或油。

8 鋪上不沾布固定。

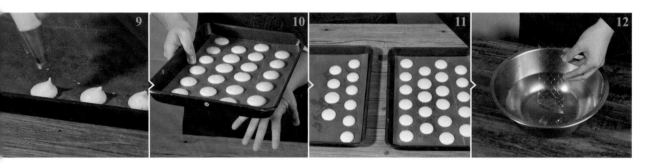

9 擠上半圓球形麵糊，各別間距稍大。

10 用手掌拍擊烤盤的底部，讓麵糊略攤平。

11 靜置風乾 30 ～ 60 分鐘，表面全乾再放入預熱好的烤箱計時烘焙。

● 檸檬巧克力餡

12 吉利丁片以冰開水泡軟備用。

13 鮮奶油加熱至沸騰後熄火。

14 加入白巧克力後，靜置 2 分鐘。

15 加入檸檬皮、泡軟後擠乾水分的吉利丁片，一起拌勻。

16 換到小一點的容器，保鮮膜貼表層，常溫靜置 1 小時冷卻。

17 放到冰箱冷藏 2 小時凝結後取出，重新攪拌至滑順，裝入擠花袋。

18 烤好的馬卡龍餅，在平的那一面擠上餡醬。

19 取另一片烤好的馬卡龍餅，輕壓轉之後貼合。

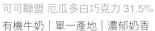
完成了！

20 裝盒封口冰箱冷藏一天再食用會
更好吃。

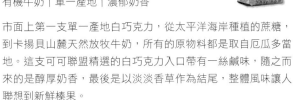

示範製作使用

可可聯盟 厄瓜多白巧克力 31.5%

有機牛奶｜單一產地｜濃郁奶香

市面上第一支單一產地白巧克力，從太平洋海岸種植的蔗糖，
到卡揚貝山麓天然放牧牛奶，所有的原物料都是取自厄瓜多當
地。這支可可聯盟精選的白巧克力入口帶有一絲鹹味，隨之而
來的是醇厚奶香，最後是以淡淡香草作為結尾，整體風味讓人
聯想到新鮮榛果。

咖啡馬卡龍

配方食材與步驟同法式馬卡龍，但在步驟 **3** 時多加入
6g 咖啡粉。

🌸 最佳賞味期 冷藏 3 天／冷凍 7 天

牛粒

🌸 最佳賞味期 **7** 天

呂老師 Note

因為外型的關係，牛粒也被暱稱為台式馬卡龍。配方中雞蛋再多加蛋黃一起使用，是為了更增加乳化性，讓牛粒更香、口感更好。

免模型的柔軟甜點

製作分量

[6g+6g × 30 個

烤箱設定

[200℃ ⏰ 8 ～ 9 分鐘

主要器具

[鋼盆
手持攪拌器
長刮刀
烤盤
篩網

配方食材

• 牛粒
砂糖 100g
蛋黃 50g
雞蛋 100g
香草莢醬 1g
低筋麵粉 120g
糖粉 適量

• 奶油餡
無鹽奶油 100g
煉乳 40g
鹽 1g

步 驟

• 牛粒

1 砂糖、蛋黃、常溫的雞蛋、香草莢醬，一起攪拌。

2 攪拌至呈乳白色，仍要繼續攪拌打發。

3 持續攪拌到有紋路表示快要好了，仍繼續攪拌。

4 打發到用手指沾取後提高，5 秒才滴落的程度，攪拌完成。

5 加入過篩麵粉，由下往上方式輕輕的拌勻至無粉粒。

6 裝入擠花袋中。

7 烤盤底噴水，放上烘焙紙貼合固定。

8 擠出圓形麵糊。

9 灑上純糖粉。

10 放入預熱好的烤箱計時烘焙，出爐後靜置 1 小時放涼。

• 奶油餡

11 室溫軟化的奶油、煉乳、鹽，一起攪拌。

12 攪拌至顏色發白即完成奶油餡。

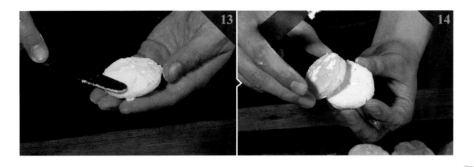

13 取冷卻好的牛粒餅，平的那一面抹上奶油餡醬。

14 取另一片烤好的牛粒餅壓上、貼合。

完成了！

！請問呂老師

Q 如何做出更蓬鬆的牛粒？

A 可以將雞蛋、蛋黃、砂糖先隔水加熱至 38 ～ 42℃，乳化好再打發，就能讓體積更加蓬鬆，膨脹力更大使牛粒成品更大顆。

Lemon Bouchée

檸檬奶油布雪

⚙ 最佳賞味期 **7** 天

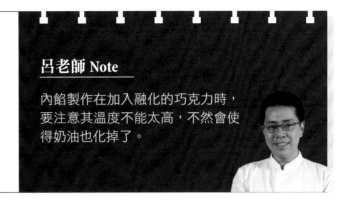

呂老師 Note

內餡製作在加入融化的巧克力時，要注意其溫度不能太高，不然會使得奶油也化掉了。

免模型的柔軟甜點

製作分量

19g+19g × 12 個

烤箱設定

200℃ ⏱ 10 ～ 12 分鐘

主要器具

鋼盆
打蛋器
手持攪拌機
長刮刀
烤盤
抹刀

配方食材

•布雪
蛋黃 80g
砂糖 60g
香草莢醬 1g
蛋白 130g
砂糖 60g
低筋麵粉 125g
糖粉 適量

•檸檬巧克力醬
無鹽奶油 100g
糖粉 10g
鹽 1g
檸檬汁 10g
白巧克力 50g
檸檬皮 0.2g

步 驟

•布雪

1 砂糖、蛋黃、香草莢醬一起拌勻（A）。

2 用乾淨鋼盆打蛋白。糖準備分成 3 等份加入。

3 拌打至起泡後，加入第 1 份糖。

23

4 繼續攪拌打至組織蓬鬆後，加入第 2 份糖。

5 繼續攪拌打至出現紋路後，加入第 3 份糖。

6 以中速繼續攪拌打發。

7 打發完成是在傾盆時不會倒出來。 重點

8 將蛋黃糊（A）加入打發蛋白中略拌，不用太勻。

9 加入過篩麵粉，由下往上方式輕輕拌勻。

10 裝入擠花袋。

11 烤盤底噴水，放上烘焙紙貼合。

12 擠上略大的圓球形麵糊。

13 拍打、敲擊烤盤底部 2～3 次。

14 灑上糖粉，放入預熱好的烤箱 200℃，10～12 分鐘。出爐後靜置 1 小時放涼。

● 檸檬巧克力餡

15 奶油、糖粉、鹽一起攪拌至顏色變淺。

16 加入檸檬汁及約 26～28℃的融化巧克力。

17 用長刮刀先略拌合，以免飛濺。

18 用機器攪拌均勻。

＼完成了！／

19 烤好的布雪蛋糕，平的那一面抹餡醬。

20 餡醬上灑些許檸檬皮。

21 取另一片烤好的布雪蛋糕壓上、貼合，上方放些許檸檬皮。

Savoiardt

手指蛋糕

🌸 最佳賞味期 5 天

呂老師 Note

內餡製作在加入融化巧克力後，如果直接用機器打，巧克力會飛賤，所以請特別注意先手動拌合，再使用機器攪拌。

免模型的柔軟甜點

製作分量

19g+19g × 12 個

烤箱設定

200℃ ⏱ 8 ～ 9 分鐘

主要器具

鋼盆
打蛋器
手持攪拌機
長刮刀
烤盤
抹刀

配方食材

•**手指蛋糕**
蛋黃 80g
砂糖 60g
香草莢醬 1g
蛋白 130g
砂糖 60g
低筋麵粉 125g
糖粉 適量

•**白巧克力奶油餡**
無鹽奶油 100g
純糖粉 10g
鹽 1g
白巧克力 50g

步　驟

•**手指蛋糕**

1 砂糖、蛋黃、香草莢醬一起拌勻（A）。

2 用乾淨鋼盆打蛋白。糖準備分成 3 等份加入。

3 拌打至起泡後，加入第 1 份糖。

4 繼續攪拌打至組織蓬鬆後，加入第 2 份糖。

5 繼續攪拌打至出現紋路後，加入第 3 份糖。

6 以中速繼續攪拌至拉起時尖端堅挺，完成打發。 重點

7 將蛋黃糊（Ａ）加入打發蛋白中略拌，不用太勻。

8 加入過篩麵粉，由下往上方式輕輕拌勻。

9 裝入擠花袋。

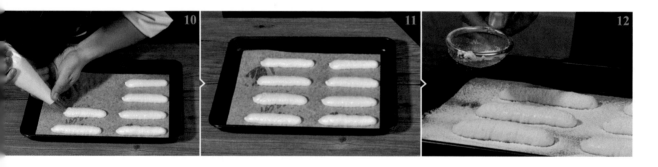

10 烤盤底噴水，放上烘焙紙。擠上長條形麵糊。

11 拍擊及在桌面敲烤盤底部。

12 灑上糖粉，放入預熱好的烤箱計時烘焙。出爐後靜置 1 小時放涼。

● 白巧克力奶油餡

13 奶油、糖粉、鹽一起攪拌至顏色變淺。

14 加入融化好，約 26 ～ 28℃的白巧克力。

15 先用長刮刀略拌合，以免巧克力醬噴濺。

\完成了！/

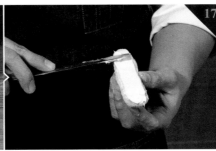

16 再用機器攪拌均勻。

17 烤好的手指蛋糕，平的那一面抹上餡醬。

18 取另一片烤好的手指蛋糕壓上、貼合。

 請問呂老師

Q 如何將手指蛋糕做出比較脆的口感？

A 可以增加糖的比例或增加麵粉的比例，增加烘烤的凝結力。
不過如果增加糖又增加麵粉的話，烤溫就要比書中配方再低
一點，以 180 ～ 190℃烘焙，時間拉長 1 ～ 2 分鐘，使其烘
烤得比較乾燥。

Custard Pâtisserie

！請問呂老師

Q 製作泡芙時麵糊太稠怎麼辦？

A 可使用雞蛋調整軟硬度。但要注意，如果是麵糊太水，表示
先前步驟加太多蛋，這就沒有救了。

法式卡士達泡芙

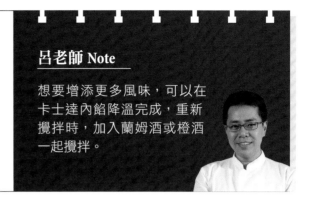

🌸 最佳賞味期 2 天

免模型的柔軟甜點

製作分量

25g × 14 個

烤箱設定

190℃ ⏱ 22 ～ 25 分鐘

主要器具

鋼盆
木杓
長刮刀
打蛋器
篩網
烤盤

配方食材

• 泡芙
無鹽奶油 50g
鮮奶 100g
鹽 1g
砂糖 2g
低筋麵粉 50g
雞蛋 150g

• 卡士達餡
蛋黃 120g
細砂糖 80g
香草莢 半條
低筋麵粉 20g
玉米粉 20g
鮮奶 400g
無鹽奶油 25g

步驟

• 泡芙

1 奶油、鮮奶、鹽、糖一起加熱。

2 沸騰後關火。

3 加入過篩麵粉後攪拌均勻至無粉粒。

4 開火加熱 15 ～ 20 秒，讓奶油麵粉更糊化

5 熄火後持續攪拌 30 秒，使其降溫。雞蛋先打散後，分多次加入攪拌均勻。

6 雞蛋每次加入一些，拌至無蛋液，再加下一次。

7 攪拌至麵糊柔軟光滑，拉起呈倒三角即可，蛋液不一定全加完。

8 裝入擠花袋。烤盤擠上圓型麵糊。

9 麵糊表面噴水後，放入預熱好的烤箱計時烘焙。

• 卡士達內餡

10 蛋黃、砂糖、香草莢籽一起攪拌均勻後。加入過篩麵粉、玉米粉攪拌均勻。

11 鮮奶先煮滾，再沖進麵糊中攪拌均勻。

12 開火回煮至麵糊收縮，再次沸騰後熄火。加入奶油攪拌拌勻。

完成了！

13 烤盤鋪保鮮膜，將卡士達麵糊過篩倒入。

14 保鮮膜 4 邊封合，冰冷凍 30 分鐘～ 1 小時。

15 急速降溫完成，從冰箱取出，攪拌至有滑順感。裝好擠花嘴的擠花袋中填入餡料。

16 在烤好的泡芙餅平的那一面戳洞後，灌進卡士達。

巧克力冰淇淋泡芙

✿ 最佳賞味期 冷凍 **7** 天

巧克力慕斯在冰凍後就有冰淇
淋口感,十分好吃。

- 泡芙
同法式卡士達泡芙

- **巧克力慕斯**
動物性鮮奶油 150g
苦甜巧克力 100g
蘭姆酒 10g

步　　驟

- 泡芙

1 以法式卡士達泡芙步驟 1 ～ 11 完成泡芙烘烤。

- **巧克力慕斯**

2 鮮奶油倒入鋼盆,持續打發至有紋路出現。

3 加入蘭姆酒及融化好的巧克力拌勻,冷藏 20 分鐘。

4 裝好擠花嘴的擠花袋中填入冷藏好的餡料。

5 在烤好的泡芙餅平的那一面戳洞。灌進餡料,冷凍
　　到冰淇淋狀態後再取用。

Caramel mille crêpe

焦糖千層可麗餅

🌸 最佳賞味期 **3** 天

呂老師 Note

如果希望外型更工整，可在冰凍完成後，利用圓模框壓切外圍。

免模型的柔軟甜點

製作分量

48g × 6 片

烤箱設定

無

主要器具

鋼盆
打蛋器
保鮮膜
平底鍋
層架

手持攪拌機
長刮刀

配方食材

- **檸檬香緹**
  動物性鮮奶油 300g
  砂糖 30g
  檸檬皮 0.2 顆
- **焦糖表層**
  純糖粉 適量

- **可麗餅**
  無鹽奶油 10g
  雞蛋 50g
  砂糖 20g
  低筋麵粉 50g
  鮮奶 160g

步驟

- **檸檬香緹**

1 鮮奶油、糖一起攪拌。

2 需持續打發至有紋路出現。

3 加入檸檬皮拌勻後，冷藏 30 分鐘。

- **可麗餅**

4 將奶油加熱融化後，保持微溫狀態。

5 雞蛋、砂糖一起攪拌均勻。

6 加入過篩麵粉拌勻。

7 鮮奶分 2 次加入攪拌均勻。

8 加入融化好的奶油拌勻。

9 保鮮膜封盆口靜置 30 分鐘，讓麵糊熟成。

10 平底鍋熱鍋至滴麵糊會有滋滋聲響。

11 轉中火，舀進一大匙麵糊。

12 用旋轉搖動鍋子的方式將麵糊均勻開來。

13 麵皮邊緣微微上色就起鍋。

14 倒放在層架上冷卻。

15 重覆步驟，製作 21 片以上。

16 取一片麵皮平放在盤子當底。

17 抹上一層冷藏完成的檸檬香緹，覆蓋上另一片麵皮。

18 重覆步驟 16、17。

19 完成 21 片的層疊後，冷凍 30 分鐘～ 1 小時。

完成了！

20 上方灑上純糖粉，要完全覆蓋住表面。

21 以噴槍將表層糖粉燒融成焦糖化。

 請問呂老師

Q 可麗餅的麵糊需要鬆弛多久？

A 原則上鬆弛 30 分鐘就可製作，若無法馬上做，也建議最多不
要放置超過 1 天以上，以確保新鮮度。

Aumônière de crêpe

巧克力福袋可麗餅

🌸 最佳賞味期 2 天

免模型的柔軟甜點

製作分量

48g × 6 個

烤箱設定

無

主要器具

鋼盆
打蛋器
保鮮膜
平底鍋
層架
手持攪拌機
長刮刀

配方食材

•巧克力慕斯
動物性鮮奶油 150g
苦甜巧克力 100g
蘭姆酒 10g

•可麗餅
無鹽奶油 10g
雞蛋 50g
砂糖 20g
低筋麵粉 50g
鮮奶 160g
水果 適量

步　驟

• 巧克力慕斯

1 鮮奶油倒入鋼盆。持續打發至有紋路出現。

2 加入蘭姆酒及融化好的巧克力。

3 拌勻後放冰箱冷藏 20 分鐘。

• 可麗餅

4 以焦糖千層可麗餅（P.35）步驟 4 ～ 14 完成餅皮。

5 桌上鋪一層保鮮膜，麵皮煎面朝下放置。

6 放上一團約 48g 冷藏完成的巧克力慕斯。

7 巧克力慕斯上放一顆草莓。

8 利用保鮮膜收攏聚合麵皮，包住內餡。

9 裝入碗中定型，冷凍 30 分鐘即完成。

檸檬香緹福袋
可麗餅

配方食材與步驟同巧克力福袋可麗餅，但以檸檬香緹餡（P.35）取代巧克力慕斯。

❀ 最佳賞味期 2 天

冰淇淋可麗餅

⚜ 最佳賞味期 冷凍 **7** 天

1 以焦糖千層可麗餅（P.35）步驟 4 ～ 14 完成餅皮。桌上鋪一層保鮮膜。麵皮煎面朝下置於
　保鮮膜。

2 半面抹上冷藏完成的巧克力慕斯（P.39）。草莓去蒂對切後鋪放在慕斯上。

3 對折麵皮。

4 再一次對折麵皮後，冷凍 30 分鐘即完成。

使用模型的柔軟蛋糕

吃進一口雲朵般的輕柔幸福
穩定外型的秘密武器

重點主角：空氣感乳酪蛋糕

Light cheesecake

空氣感乳酪蛋糕

🌸 最佳賞味期 **3** 天

◆ 使用模型的柔軟蛋糕 ◆

【 **製作分量** 】

| 6 吋 × 1 顆

【 **烤箱設定** 】

| 上 180℃ 下 150℃ ⏱ 35 ～ 40 分鐘

【 **主要器具** 】

| 6 吋蛋糕模
鋼盆
長刮刀
打蛋器
手持攪拌機
烤盤

【 **配方食材** 】

| 奶油乳酪 90g　新鮮檸檬汁 10g
鮮奶 130g　　蛋黃 50g
低筋麵粉 20g　蛋白 100g
玉米粉 25g　　砂糖 50g

【 **步　驟** 】

1 裁剪白報紙，製作 58×14 公分的圍邊長條。

2 做出 4 公分摺痕，剪出間距 1 公分的鬚邊。

3 鬚邊為底放進模具中。

4 放入一張圓形底紙貼合。

5 奶油乳酪、鮮奶一起隔水加熱到 65℃。

6 加熱期間攪拌至完全融合無結粒。

7 離火後加入過篩麵粉、過篩玉米粉，攪拌均勻。

8 加入檸檬汁、蛋黃，攪拌均勻且光亮。

9 完成蛋黃麵糊靜置，保持 38 ～ 40℃的溫熱狀態。

10 蛋白加入一半的糖攪拌打發。

11 拌打至蓬鬆後，加入剩下的一半糖。

12 持續攪拌到尖端軟彎的狀態。

13 1/3 打發蛋白倒入靜置保溫的蛋黃麵糊輕拌混合。

14 加入剩餘打發蛋白，由下往上輕拌至有流性。

15 倒入放好圍邊紙的模具。敲擊底部 2 下，攤平麵糊。

16 烤盤內加常溫水至 1.5 公分高，放入預熱好的烤箱計時烘焙。

17 出爐後乘熱拉住圍邊紙將蛋糕脫模。

18 除去圍邊紙，在層架上冷卻。

 請問呂老師

Q 如果想將空氣感乳酪蛋糕做得更鬆軟，該怎麼調整？

A 可以將原本配方中的玉米粉 25g，改成 15g，以減少粉量的
方式讓蛋糕體更鬆軟。

Chiffon cake

香草戚風蛋糕

🌸 最佳賞味期 **3** 天

使用模型的柔軟蛋糕

呂老師 Note

打發蛋白時，記得所有器具絕對要乾淨無油質，不要使用過大的鋼盆攪拌，才不會組織過粗。並請使用冰到 12～16℃ 的蛋白，這樣打發完成的蛋白，才能成功控制蛋白最好的打發溫度：17～22℃。

製作分量

6 吋 × 2 顆

烤箱設定

170℃ ⏱ 28～30 分鐘

主要器具

6 吋活動底蛋糕模
鋼盆
打蛋器
長刮刀
手持攪拌機
抹刀
刮板

配方食材

蛋黃 80g
蜂蜜 20g
香草莢醬 1g
沙拉油 100g
鮮奶 100g

低筋麵粉 100g
玉米粉 10g
蛋白 200g
砂糖 100g
糖粉 適量

步驟

1 蛋黃、蜂蜜、香草莢醬攪拌均勻。

2 加入沙拉油、鮮奶、過篩玉米粉、過篩麵粉攪拌。

3 攪拌均勻至稀軟滑順完成蛋黃麵糊（A），靜置備用。

4 冰到 12～15℃ 的蛋白，倒入直徑 22 公分的鋼盆。

5 中快速打發。糖準備分成 3 次加入。

6 拌打至起泡後,加入第 1 份糖。

7 繼續攪拌打至組織蓬鬆後,加入第 2 份糖。

8 繼續攪拌打至出現紋路後,加入第 3 份糖。

9 持續攪拌直到手指沾取尖端會微彎的狀態。

10 1/3 打發蛋白倒入蛋黃麵糊(A)輕拌混合。

11 加入剩餘打發蛋白,由下往上輕拌勻。

12 倒入模具。

\完成了!/

13 表面以剪對半的刮板,由外向中心抹平。

14 敲擊模具底 2 下,攤平麵糊。放入預熱好的烤箱,計時烘焙。

15 出爐後利用罐頭倒扣蛋糕冷卻。

16 抹刀插入蛋糕與模具之間轉一圈脫模、去底盤後,表面灑上糖粉。

棉花糖戚風蛋糕

☀ 最佳賞味期 2 天

配方食材同香草戚風蛋糕（P.49），再多準備卡士達醬、鮮奶油香緹。

步　驟

＼完成了！／

1 以香草戚風蛋糕（P.49）步驟 1 ～ 17 完成脫模。從中間斜切出一個圓椎。

2 舀 2 匙卡士達醬填進圓椎凹洞。再舀進鮮奶油香緹，略高出蛋糕表面。

3 切下的圓椎蛋糕切成 4 等分，插入餡醬中。

4 表面灑糖粉。

水果夾層戚風蛋糕

🌸 最佳賞味期 2 天

配方食材同香草戚風蛋糕（P.49），再多準備草莓、藍莓、打發的鮮奶油。

步　驟

1 以香草戚風蛋糕（P.49）步驟 1 ～ 17 完成脫模。

2 利用 2 塊等高的砧板，將蛋糕切分成 3 片。

3 盤子上放一片蛋糕。蛋糕表面用一匙打發完成的鮮奶油抹平。

4 草莓切面向下鋪滿。

5 蓋上第 2 片蛋糕，平抹鮮奶油後鋪滿草莓。

完成了！

6 蓋上第 3 片蛋糕，上方抹薄薄一層鮮奶油。

7 用貝殼花嘴擠花袋裝打發鮮奶油，擠外圍一圈。

8 鮮奶油圍圈中擺放草莓及藍莓。

9 上方灑上糖粉。

草莓三明治蛋糕

🌸 最佳賞味期 **2** 天

配方食材同香草戚風蛋糕（P.49），再多準備打發的鮮奶油、卡士達醬、草莓。

步　驟

1 以香草戚風蛋糕（P.49）步驟 1 ～ 17 完成脫模。

2 利用 2 塊等高的砧板，將蛋糕切分成 3 片。

3 將一片蛋糕放在保鮮膜上。

4 以約 60g 打發鮮奶油抹平蛋糕表面。

5 擠上一道卡士達醬。

完成了！

6 擺放一排對切的草莓。

7 以拉捲保鮮膜方式將蛋糕對半貼合。

8 保鮮膜收攏包邊，冷藏 1 小時定型蛋糕。

9 食用前可對切後加上水果及果醬裝飾擺盤。

Soufflé Cheesecake

舒芙蕾乳酪蛋糕

🌸 最佳賞味期 **3** 天

呂老師 Note

烘烤出爐，如果發現有爆裂開的現象，原因可能是烤盤的水加太少，或是底火太強，或是蛋白打太發了。

製作分量

6 吋 × 1 顆

烤箱設定

上 180℃ 下 150℃ ⏱ 45 ～ 50 分鐘

主要器具

6 吋蛋糕模
鋼盆
木杓
湯匙
長刮刀
打蛋器
手持攪拌機
烤盤

配方食材

- ●藍莓果醬
  新鮮藍莓 100g
  砂糖 35g
  檸檬汁 5g
- ●餅乾底
  無鹽奶油 35g
  餅乾粉 100g

- ●舒芙蕾乳酪蛋糕
  無鹽奶油 30g
  奶油乳酪 160g
  鮮奶 110g
  玉米粉 10g
  砂糖 25g
  蛋黃 50g

  蛋白 35g
  砂糖 20g
  可可粉 適量

使用模型的柔軟蛋糕

步　驟

● 藍莓果醬

1 藍莓、糖、檸檬汁一起熬煮。

2 熬煮過程用木杓將藍莓切碎攪拌。

3 小火煮滾 5 分鐘後完成。

• 餅乾底

4 奶油隔水加熱至融化後離火。

5 加入餅乾粉攪拌均勻。

6 倒入模具，以湯匙底部鋪開壓緊。

• 舒芙蕾乳酪蛋糕

7 奶油、奶油乳酪、鮮奶，隔水加熱攪拌到 65℃。

8 加入玉米粉、25g 糖一起攪拌。

9 攪拌到完全無結粒後，加入蛋黃拌勻。

10 完成蛋黃麵糊靜置，保持 38 ～ 40℃的溫熱狀態。

11 蛋白加 20g 糖，攪拌到濕性發泡接近半乾性柔軟狀態。

12 打發完成會是尖端彎度較大的狀態。　◀ 重點

13 打發的蛋白加入先前靜置的蛋黃麵糊中輕拌合至光滑。

14 麵糊倒進放好餅乾底的模具中。

15 敲擊底部 2 下攤平麵糊。

16 烤盤內加常溫水至 1.5 公分高。放入預熱好的烤箱,計時烘焙。

17 出爐等蛋糕冷卻後,冰冷藏 3 小時。

18 冷藏完成,用噴槍燒模具外圍整圈及底部。

\完成了!/

19 手掌封住模具口,翻轉倒扣脫模。

20 反放上盤子,擺正蛋糕。

21 表層抹上藍莓果醬。

! **請問呂老師**

Q 舒芙蕾乳酪蛋糕是否可以不加玉米粉製作?

A 這道配方中,玉米粉的作用是讓烘烤過程比較穩定,以及加強凝結度,所以不加也是沒有問題的。

Chocolate cloud cake

雲朵巧克力蛋糕

🌸 最佳賞味期 3 天

呂老師 Note

巧克力和奶油不可以同時一起
加熱融化，因為奶油含有水分，
水分子會去抓可可膏，使得
巧克力結塊。

製作分量

6 吋 × 1 顆

烤箱設定

上 180℃ 下 150℃ ⏱ 40 ～ 45 分鐘

主要器具

6 吋蛋糕模
鋼盆
長刮刀
手持攪拌機
刮板
烤盤

配方食材

苦甜巧克力 160g
無鹽奶油 40g
蛋白 160g
砂糖 40g

蛋黃 40g
低筋麵粉 20g
可可粉 10g

步　驟

1 裁剪白報紙，製作 58×14 公分的圍邊長條。

2 做出 4 公分摺痕，剪出間距 1 公分的鬚邊。

3 鬚邊為底放進模具中。

4 放入一張圓形底紙貼合。

61

5 隔水加熱融化巧克力，溫度不超過 50℃。

6 奶油切塊後加入，不攪拌。

7 利用巧克力餘溫讓奶油靜置至融化（A）。

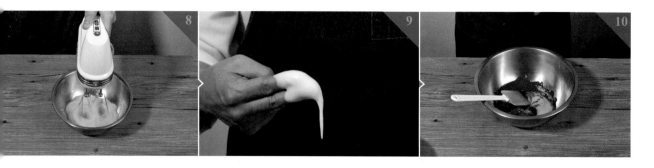

8 取乾淨無油質器具將蛋白加入砂糖打發。

9 以手指沾取，尖端軟彎即完成打發蛋白（B）。

10 奶油巧克力醬（A）中加入蛋黃，不拌。

11 加入 1/3 打發蛋白（B），略拌至五分均勻。

12 加入過篩麵粉、可可粉，拌至無粉粒。

13 加入剩餘 2/3 打發蛋白（B）。

14 由下往上輕拌，拌至混合均勻。

15 倒入放好圍邊紙的模具。

16 將刮板對半剪開。

17 以半片刮板從外圍往中間抹平。

18 輕敲底部 2 下攤平麵糊。

19 烤盤內加常溫水至 1.5 公分高。放入預熱好的烤箱計時烘焙。

完成了！

20 出爐後乘熱拉住圍邊紙將蛋糕脫模。

21 除去圍邊紙在層架上冷卻完成。

示範製作使用

可可聯盟
祕魯黑巧克力 62%
好操作｜櫻桃香｜果酸

祕魯，一個帶著神祕面紗的國家，繁育出了各式風味的可可樹種。克里歐羅可可樹種在可可農細心照料下傑出的累累果實。淺棕色的祕魯 62% 黑巧克力由秘魯西北部精選克里歐羅可可果製成，帶有新鮮果香及微酸柑果香氣，混和黑莓及櫻桃香甜。祕魯 62% 黑巧克力溫暖悠長的尾韻帶有特別的杏仁及烘烤堅果香。

雲朵巧克力蛋糕

🌸 最佳賞味期 **3** 天

呂老師 Note

製作任何巧克力口味的甜點,在融化巧克力的步驟中,都不可以過度攪拌,否則會拌進太多空氣,造成巧克力氧化,風味降低。

製作分量

6 吋 × 1 顆

主要器具

6 吋蛋糕模
鋼盆
手持攪拌機
長刮刀
刮板
烤盤

烤箱設定

上 180℃下 150 🕐 40 ～ 45 分鐘

配方食材

苦甜巧克力 150g
無鹽奶油 150g
蛋黃 80g
糖粉 40g
蛋白 150g
砂糖 70g

步　驟

1 裁剪白報紙,製作 58×14 公分的圍邊長條。

2 做出 4 公分摺痕,剪出間距 1 公分的鬚邊。

3 鬚邊為底放進模具中,再放一張圓形底紙貼合。

4 隔水加熱融化巧克力,溫度不超過 50℃。

5 奶油切塊後加入，不攪拌，靜置至融化（A）。

6 蛋黃、糖粉一起攪拌打發。

7 打發至手指拉起，2～3秒才會滴落的狀態（B）。

8 蛋白加入一半分量的糖，一起攪拌。

9 攪拌至起泡、略蓬鬆後，加入另一半的糖。

10 繼續攪拌至出現紋路。

11 打發程度約6、7分，尖端彎曲（C）。

12 巧克力醬（A）中加入蛋黃醬（B）。

13 輕拌至呈大理石紋路即可，不要攪拌過度。

14 加入1/3打發蛋白（C）由下往上拌至5分勻。

15 加入剩餘的2/3蛋白（C）。

16 攪拌至9分勻。

17 倒入放好圍邊紙的模具。

18 用剪對半的刮板，從外圍往中間抹平。

19 輕敲底部攤平麵糊。

20 烤盤內加常溫水至 1.5 公分高。
放入預熱好的烤箱計時烘焙。

21 出爐放涼後再脫模除去圍邊紙，表面灑上可可粉。

 請問呂老師

Q 雲朵巧克力蛋糕烤好後收縮得很厲害的原因？

A 一般來講可能是烤過頭了造成蛋糕太乾燥，也有可能是烤不
熟，造成蛋糕中間凹陷。

巧克力舒芙蕾

⚙ 最佳賞味期 15 分鐘

配方食材同雲朵巧克力蛋糕
[無粉版]，再多準備可可粉。

步　驟

依雲朵巧克力蛋糕 [無粉版]P.64 步驟 1 ～ 15 完成麵糊，以 P.145 舒芙蕾的步驟，取代舒芙蕾麵糊，製作出巧克力風味的舒芙蕾。出爐後在上方灑可可粉即可盡快食用。

烤箱設定

180℃　　10 ～ 12 分鐘

柔軟美味的蛋糕卷

美味蛋糕捲入滿滿的愛情
一口一口都是專屬回憶

重點主角：夏洛特蛋糕卷

Charlotte roll

夏洛特蛋糕卷

🌸 最佳賞味期 **3** 天

呂老師 Note

夏洛特蛋糕入烤箱前,務必以糖粉灑滿表面,這樣才能保持水分,不會太乾。如果有剩餘麵糊,可以用來製作布雪(P.22)。

製作分量

一卷

烤箱設定

200℃ ⏱ 8 ～ 10 分鐘

主要器具

鋼盆
打蛋器
手持攪拌機
長刮刀
半盤烤盤
擠花嘴
擠花袋
篩網
擀麵棍

配方食材

•卡士達餡
蛋黃 120g
細砂糖 80g
香草莢 半條
低筋麵粉 20g
玉米粉 20g
鮮奶 400g
無鹽奶油 25g

•檸檬義式奶油霜
水 50g
細砂糖 150g
蛋白 75g
無鹽奶油 250g
檸檬皮 半顆
檸檬汁 20g

•夏洛特蛋糕
蛋黃 80g
砂糖 60g
香草莢醬 1g
蛋白 130g
砂糖 60g
低筋麵粉 125g

步 驟

• 卡士達內餡

1 蛋黃、砂糖、香草莢籽一起攪拌均勻。

2 加入過篩麵粉、過篩玉米粉攪拌均勻。

3 鮮奶先煮滾,再沖進麵糊中攪拌均勻。

4 開火回煮至麵糊收縮,再次沸騰後熄火。

5 加入奶油攪拌拌勻。

6 烤盤鋪保鮮膜，將麵糊以過篩方式倒入鋪平。

7 保鮮膜 4 邊封合，冷凍 30 分鐘～ 1 小時後再重新攪拌至滑順。

● 檸檬義式奶油霜

8 先加水再加入砂糖。

9 小火熬煮加熱，不要攪拌以免結晶。

10 煮到 115 ～ 120℃後完成糖漿。

11 蛋白放入乾淨鋼盆攪拌至起泡。

12 一邊繼續攪拌一邊慢慢一點一點的倒入糖漿。

13 繼續攪拌至半乾性發泡狀態，溫度約降到 30℃。

14 奶油切小塊加入後，一起攪拌均勻。

15 攪拌過程第一階段可見奶油有顆粒結塊現象。

16 攪拌過程第二階段可見奶油有點分離感。

17 攪拌至漸漸變光滑，停下刮鋼，確保完全均勻。

18 繼續攪拌至完全光滑。

19 加入檸檬皮及檸檬汁拌勻完成調味。

• 夏洛特蛋糕

20 蛋黃加糖、香草莢醬，打發至顏色變白（A）。

21 用乾淨鋼盆打蛋白。糖準備分成 3 等份加入。

22 拌打至起泡後，加入第 1 份糖。

23 繼續攪拌至組織蓬鬆後，加入第 2 份糖。

24 繼續攪拌至出現紋路後，加入第 3 份糖。

25 繼續攪拌打發至尖端挺即完成。

26 蛋黃醬（A）加入打發蛋白稍微拌合，不必均勻。

27 加入過篩麵粉，輕拌至不結粒。

28 放入裝好擠花嘴的擠花袋中。

29 烤盤底噴水，貼合烘焙紙。以斜線方式將麵糊填滿烤盤。

30 灑糖粉完整覆蓋住麵糊表面後，放入預熱好的烤箱計時烘焙。

31 出爐後在桌面敲擊 2 下。從烤盤移出至層架。

32 撕開側邊紙，靜置放涼。

33 上方蓋上白報紙，壓住反轉後去除底紙。

34 抹上一層奶油霜，下方留 5 公分不抹。

35 擠上間距較寬的 3 條卡士達醬。

36 卡士達醬之間，擺放切丁的新鮮水果。

完成了！

37 擀麵棍置於紙下，往前摺壓貼合。

38 慢慢移動擀麵棍，將蛋糕捲到底。

39 移掉擀麵棍，冷凍 30 分鐘定形。

呂昇達老師的 Q&A 專欄

Q: 為什麼我的馬卡龍表面粗糙不光滑？沒有「裙襬」？

A: 表面粗糙原因首先是因為蛋白打太發，其次可能是乾燥時間過長導致水分流失，也有可能是烤溫過高，或是烤太久。沒有「裙襬」可能是蛋白打發及麵粉拌勻的步驟攪拌過度造成，也有可能是蛋白過於新鮮，讓打發的蛋白過於緊繃，也有可能是烤溫太高，導致糖分來不及流淌下來就被烤乾變硬了。

Q: 純鮮奶泡芙跟有加水的泡芙有什麼差別？

A: 水跟鮮奶 1：1 製作出的泡芙，體積比較大，口感比較脆。書中配方純鮮奶的泡芙，則比較柔軟，風味會更濃郁。

Q: 在國外吃的可麗餅好像比較 Q？

A: 國外的可麗餅通常使用法國麵粉 T55 或 T45 製作，因此製作出的可麗餅會比較 Q，書中配方使用低筋麵粉製作，則是讓可麗餅吃起來比較柔軟一些。

Q: 如何讓虎皮蛋糕卷的紋路更明顯？

A: 紋路是靠高溫烘烤出的，所以如果覺得紋路不清楚，很可能是烤溫不夠，要記得烤箱預熱足了再開始烘烤。

Q: 夏洛特蛋糕的表面可以不灑糖粉嗎？

A: 灑糖粉可以保護蛋糕的水分，不灑的話會造成蛋糕體很快就乾燥，所以建議一定要灑糖粉不可省略。

Q: 香草濃縮醬及新鮮香草籽如何替代？

A. 1g 的香草濃縮醬大約等同於 0.25g 的香草莢，可依此比例替換。

Q: 戚風蛋糕可以不加玉米粉嗎？

A: 加玉米粉是為了降低麵粉的筋性，讓蛋糕柔軟，如果不加的話，會讓支撐力不足，所以建議如果真的不想加玉米粉，就要再增加與減去的玉米粉等量的麵粉，而不是直接扣掉。

Cream roll cake

生乳卷

🌸 最佳賞味期 **2** 天

呂老師 Note

為了讓蛋糕體比較細緻，所以蛋白打發時，減少了分糖加入的次數，打發程度也比較不發，呈現稍微軟一點點的尖端微彎。

製作分量

一卷

烤箱設定

上 190℃ 下 140℃ ⏱ 15 分鐘

主要器具

鋼盆
打蛋器
手持攪拌機
長刮刀
桌上型攪拌機
烤盤
篩網
半盤烤盤
擀麵棍

配方食材

- 卡士達餡
蛋黃 120g
細砂糖 80g
香草莢 半條
低筋麵粉 20g
玉米粉 20g
鮮奶 400g
無鹽奶油 25g

- 蛋糕
蛋黃 120g
細砂糖 40g
蛋白 160g
砂糖 70g
低筋麵粉 70g
無鹽奶油 20g
鮮奶 30g

- 鮮奶油香緹
動物性鮮奶油 300g
砂糖 30g

步驟

- 卡士達內餡

1 蛋黃、砂糖、香草莢籽一起攪拌均勻。

2 加入過篩麵粉、過篩玉米粉攪拌均勻。

3 鮮奶先煮滾，再沖進麵糊中攪拌均勻。

4 開火回煮至麵糊收縮，再次沸騰後熄火。

5 加入奶油攪拌拌勻。

6 烤盤鋪保鮮膜，將麵糊以過篩方式倒入。

7 保鮮膜 4 邊封合，冷凍 30 分鐘～ 1 小時。

8 急速降溫完成，從冰箱取出，攪拌至有滑順感。

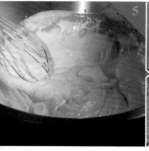

• 鮮奶油香緹

9 冰鮮奶油、糖放入桌上型攪拌機鋼盆中。

10 以球型中速攪拌均勻。

• 蛋糕

11 蛋黃加糖打發至顏色變白，沒有大泡泡（A）。

12 鮮奶加入奶油，隔水加熱融化，保溫 50 ～ 60℃（B）。

13 蛋白加入一半的糖攪拌打發。

14 拌打至蓬鬆後，加入剩下的一半糖繼續攪拌。

15 打發至尖端微彎偏軟即完成。

16 打發的蛋白中加入蛋黃醬（A）、過篩麵粉。

17 輕拌至光滑。

18 加入奶油鮮奶（B）拌至光滑絲綢狀。

19 烤盤底噴水，貼合烘焙紙。麵糊倒入烤盤。

20 由中間向外抹平、抹得非常光滑。

21 與桌面相距 10 公分敲擊 1 下，放入預熱好的烤箱計時烘焙。

22 出爐後在桌面敲擊 2 下。從烤盤移出至層架。

23 撕開側邊紙，靜置放涼。

24 蛋糕上方蓋上白報紙，壓住反轉後去除底紙。

完成了！

25 抹上 200g 鮮奶油香緹，下方留 5 公分擠上 2 條卡士達醬（60～80g）。

26 擀麵棍置於紙下，往前摺壓貼合卡士達醬位置。

27 完成摺疊貼合。

28 慢慢移動擀麵棍，將蛋糕捲到底。移掉擀麵棍，冷凍 30 分鐘定形。

Tiger skin floss roll

虎皮蛋糕肉鬆卷

🌸 最佳賞味期 5 天

呂老師 Note

虎皮蛋糕能夠產生紋路,是因為使用的玉米粉,在高溫烤焙下,造成瞬間收縮糊化而形成的特殊造型。因此一定要使用玉米粉製作。

製作分量

一卷

烤箱設定

上 230℃ 下 200℃ ⏱ 7 ～ 8 分鐘

主要器具

鋼盆
手持攪拌機
半盤烤盤
刮板
擀麵棍

配方食材

•煉乳奶油霜
無鹽奶油 200g
純糖粉 50g
煉乳 50g

•虎皮蛋糕
蛋黃 200g
砂糖 70g
玉米粉 40g

肉鬆 適量
生菜 適量
美奶滋 適量

步　驟

• 煉乳奶油霜

1 奶油、糖粉、煉乳一起打發至變白變蓬鬆的狀態。

• 虎皮蛋糕

2 蛋黃、糖以高速持續攪拌至顏色變白。

3 加入玉米粉,先略拌以免粉噴灑。

4 開啟機器繼續攪拌均勻,勿攪過久。

5 烘焙紙四邊剪開，半盤烤盤盤底噴水，貼合烘焙紙。

6 麵糊倒入半盤烤盤。由中間向外抹得非常光滑。

7 與桌面相距 10 公分敲擊 1 下，放入預熱好的烤箱計時烘焙。

8 出爐後在桌面敲擊 2 下，從烤盤移出至層架。撕開側邊紙，靜置放涼。

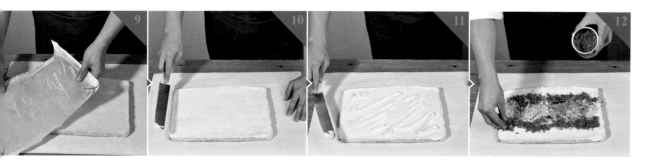

9 上方蓋上白報紙，壓住反轉後去除底紙。

10 冷卻後，抹上薄薄一層煉乳奶油霜，越薄越好。

11 擠上少許美奶滋，抹平。

12 灑放適量生菜及配料及兩排肉鬆。

13 蛋糕底部劃切出 2 道刀痕。

14 擀麵棍置於紙下，捲起蛋糕，先在劃刀處壓一下貼合。

15 剛才劃切刀的部位完成摺疊貼合。

16 慢慢移動擀麵棍，將蛋糕捲到底。移掉擀麵棍，靜置 30 分鐘定形即完成。

虎皮蛋糕三明治

藍帶畢業小助手 蔡明軒、鐘雅喬 臨場創作 1

虎皮蛋糕的再運用：將蛋糕切成三等份的方型疊合，
疊合面各抹上薄薄一層煉乳奶油霜，對切成三角形，
側邊擠上奶油霜，以新鮮水果、烤堅果妝點。

神祕寶石卷

藍帶畢業小助手 蔡明軒、鐘雅喬 臨場創作 2

冰的鮮奶油 200g、砂糖 20g 以球形攪打均勻成鮮奶
油香緹，加入 70g 藍莓果醬拌勻後，取適量抹平在
出爐放涼的虎皮蛋糕上，並隨意擺放些許新鮮藍莓，
將蛋糕捲成形。

Tiger skin chocolate roll

虎皮巧克力蛋糕卷

🌸 最佳賞味期 **3** 天

呂老師 Note

用來製作雙層蛋糕卷的虎皮蛋糕要做成薄層，這份配方 1 次可做 2 個薄虎皮蛋糕喔。

主要器具

鋼盆
長刮刀
打蛋器
手持攪拌機
半盤烤盤
刮板
擀麵棍

配方食材

• 煉乳奶油霜
無鹽奶油 200g
純糖粉 50g
煉乳 50g

• 虎皮蛋糕
蛋黃 200g
砂糖 70g
玉米粉 40g

• 巧克力戚風蛋糕
蛋黃 60g
砂糖 20g
香草莢醬 1g
鮮奶 75g
沙拉油 75g
低筋麵粉 75g
可可粉 15g
蛋白 150g
砂糖 75g

烤箱設定

巧克力戚風蛋糕
上 190℃下 140℃
🕐 15 ～ 20 分鐘

虎皮蛋糕
上 230℃下 200℃
🕐 7 ～ 8 分鐘

步　驟

• 煉乳奶油霜

1 奶油、糖粉、煉乳一起打發。

2 打發完成會是變白變蓬鬆的狀態。

• 巧克力戚風蛋糕

3 蛋黃、糖、香草莢醬，攪拌均勻。

4 加入鮮奶、沙拉油、過篩麵粉、過篩可可粉，攪拌。

5 攪拌均勻至光滑不結粒狀態完成蛋黃醬。

6 用乾淨鋼盆打蛋白。糖準備分成 3 等份加入。

7 拌打至起泡後，加入第 1 份糖。

8 繼續攪拌至組織蓬鬆後，加入第 2 份糖。

9 繼續攪拌至出現紋路後，加入第 3 份糖。

10 以中速繼續攪拌。打發至尖端微彎即完成。

11 蛋黃醬中加入 1/3 打發蛋白。

12 略拌至大理石紋路。

13 加入剩餘 2/3 蛋白，輕輕拌勻。拌勻完成的麵糊是光滑的。

14 烤盤墊兩層烘焙紙，四邊各剪一刀。

15 烤盤底噴水，貼合烘焙紙。

16 麵糊倒入烤盤，由中間向外抹平，要抹得非常光滑。

17 與桌面相距 10 公分敲擊 1 下。

18 放入預熱好的烤箱。上火 190℃，下火 140℃烤 10 ～ 13 分鐘。

19 烘烤期間如果膨脹，用竹籤刺一小洞後再繼續烤。

20 烤至表面結皮後取出轉方向，再次進烤箱。

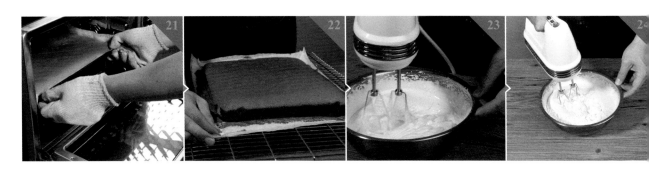

21 加上先前烘烤時間共計 15 ～ 20 分鐘。

22 出爐後在桌面敲擊 2 下。從烤盤移出至層架。撕開側邊紙，靜置放涼。

● 虎皮蛋糕

23 蛋黃、糖以高速持續攪拌至顏色變白。

24 加入玉米粉，先略拌以免粉噴灑。

25 開啟機器繼續攪拌均勻，勿攪過久。

26 半盤烤盤墊烘焙紙，四邊各剪一刀。盤底噴水，貼合烘焙紙。

27 將一半的麵糊倒入半盤烤盤。由中間向外抹平，要抹得非常光滑。

28 與桌面相距 10 公分敲擊 1 下，放入預熱好的烤箱計時烘焙。

29 出爐後在桌面敲擊 2 下。從烤盤移出至層架靜置放涼。

30 上方蓋上白報紙，壓住反轉後去除底紙。

31 抹上薄薄一層煉乳奶油霜，越薄越好。

32 巧克力蛋糕用白報紙壓住反轉後，去除底紙。

33 巧克力蛋糕放在抹好奶油霜的蛋糕上，前端留 2 公分。

34 抹上薄薄一層煉乳奶油霜，越薄越好。

35 巧克力蛋糕底部先劃切出 2 道刀痕。

36 擀麵棍置於紙下，捲起蛋糕，先在劃刀處壓一下。

37 剛才劃切刀的部位完成摺疊貼合。

38 慢慢移動擀麵棍，將蛋糕捲到底。

39 移掉擀麵棍，靜置 30 分鐘定形。

示範製作使用

可可聯盟
高脂可可粉
│烘焙界的完美可可粉│

這款在西方專業甜點師圈子中引起一陣轟動的可可粉，是目前市場上可可脂含量最高，也是唯一一款單一產地的可可粉，漂亮的紅褐色澤運用在甜點中讓人眼睛為之一亮。

存放建議：請儲藏於密封容器內，溫度介於 16℃～ 18℃。

虎皮抹茶蛋糕卷

⚜ 最佳賞味期 3 天

將虎皮巧克力蛋糕卷（P.85）
中的巧克力戚風蛋糕，替換成
抹茶戚風蛋糕（P.101）就可製
作出虎皮抹茶蛋糕卷。

Vanilla chiffon cake roll

香草戚風毛巾卷

🌸 最佳賞味期 3 天

柔軟美味的蛋糕卷

呂老師 Note

蛋糕卷的蛋糕厚薄度很重要，所以要特別注意麵糊在進烤箱前的抹平動作，請務必抹得非常均勻平滑喔。家裡沒有玉米粉的話，可用在來米粉替代。

製作分量

一卷

烤箱設定

上 190 下 140℃ ⏲ 15 ～ 20 分鐘

主要器具

鋼盆	刮板
打蛋器	抹刀
手持攪拌機	半盤烤盤
長刮刀	擀麵棍

配方食材

•煉乳奶油霜
無鹽奶油 200g
純糖粉 50g
煉乳 50g

•戚風蛋糕
蛋黃 80g
蜂蜜 20g
香草莢醬 2g
沙拉油 100g

柳橙汁 100g
低筋麵粉 100g
玉米粉 10g
蛋白 200g
砂糖 100g

步　驟

•煉乳奶油霜

1 奶油、糖粉、煉乳一起打發至變白變蓬鬆。

•戚風蛋糕

2 蛋黃、蜂蜜、香草莢醬，攪拌均勻。

3 加入沙拉油、柳橙汁、過篩麵粉、過篩玉米粉，攪拌均勻至光滑不結粒，完成蛋黃醬。

4 用乾淨鋼盆打蛋白。糖準備分成 3 等份加入。

5 拌打至起泡後，加入第 1 份糖。

6 繼續攪拌至組織蓬鬆後，加入第 2 份糖。

7 繼續攪拌至出現紋路後，加入第 3 份糖。

8 以中速繼續攪拌。打發至尖端微彎即完成。

9 蛋黃醬中加入 1/3 打發蛋白。略拌至大理石紋路狀。

10 加入剩餘 2/3 蛋白，輕輕拌勻。完成光滑麵糊。

11 烤盤墊兩層烘焙紙，四邊各剪一刀。

12 麵糊倒入烤盤。由中間向外抹平，要抹得很光滑。從桌面相距 10 公分處放下，敲擊 1 下。

13 放入預熱好的烤箱。先烤 10 ～ 13 分鐘。表面結皮後取出轉方向。再次放進烤箱，加上先前
    共計 15 ～ 20 分鐘。

14 出爐後先在桌面敲擊 2 下。再從烤盤移出至層架。撕開側邊紙，靜置放涼。

15 上方蓋上白報紙，壓住反轉後去除底紙。

16 上方再蓋上白報紙，壓住翻面，讓烤面朝上。

17 抹上薄薄一層煉乳奶油霜，越薄越好。蛋糕底部劃切出 2 道刀痕。

18 擀麵棍置於紙下捲起蛋糕，在劃刀處壓一下完成摺疊貼合。

19 慢慢移動擀麵棍，將蛋糕捲到底。移開擀麵棍，靜置 30 分鐘定形。

20 定型完成可利用煉乳奶油霜及水果裝飾。

蛋糕捲的麵糊請切記一定要
仔細將表面抹平、抹光滑。　▶

香草戚風巧克力卷

配方食材與步驟同香草戚風毛巾卷，但以巧克力煉乳
奶油霜（ P.95 ）取代煉乳奶油霜。定形後，表面再抹
上煉乳奶油霜，沾取巧克力餅乾粉妝點。

⚙ 最佳賞味期 3 天

Chocolate chiffon cake roll

巧克力毛巾卷

最佳賞味期 3 天

呂老師 Note

打蛋白時，量少就一定要
用小鋼盆，這樣才打得發。

製作分量

一卷

烤箱設定

上 190℃ 下 140℃ ⏱ 15 ～ 20 分鐘

主要器具

鋼盆	半盤烤盤
長刮刀	刮板
打蛋器	擀麵棍
手持攪拌機	

配方食材

• 巧克力煉乳奶油霜

無鹽奶油 200g	煉乳 50g
純糖粉 50g	苦甜巧克力 50g

• 巧克力戚風蛋糕

蛋黃 60g	低筋麵粉 75g
砂糖 20g	可可粉 15g
香草莢醬 1g	蛋白 150g
鮮奶 75g	砂糖 75g
沙拉油 75g	

步驟

• 巧克力煉乳奶油霜

1 奶油、糖粉、煉乳，打發至變白變蓬鬆的狀態。

2 巧克力隔水加熱融化後，加入攪拌均勻。

• 巧克力戚風蛋糕

3 蛋黃、糖、香草莢醬，攪拌均勻。

4 加入鮮奶、沙拉油、過篩麵粉、過篩可可粉，
攪拌。

5 攪拌均勻至光滑不結粒狀態完成蛋黃醬。

6 用乾淨鋼盆打蛋白。糖準備分成 3 等份加入。

7 拌打至起泡後，加入第 1 份糖。

8 繼續攪拌至組織蓬鬆後，加入第 2 份糖。

9 繼續攪拌至出現紋路後，加入第 3 份糖。

10 以中速繼續攪拌。打發至尖端微彎即完成。

11 蛋黃醬中加入 1/3 打發蛋白，略拌至大理石紋路。

12 加入剩餘 2/3 蛋白，輕輕拌勻至麵糊光滑。

13 烤盤墊兩層烘焙紙，四邊各剪一刀。

14 烤盤底噴水，貼合烘焙紙。

15 麵糊倒入烤盤，由中間向外抹平、抹光滑。

16 與桌面相距 10 公分敲擊 1 下。

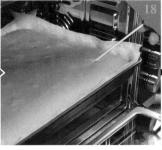

17 放入預熱好的烤箱。先烤 10 ～ 13 分鐘。

18 烘烤期間如果膨脹，可先用竹籤刺一小洞後再繼續烤。

19 烤至表面結皮後取出轉方向，再次進烤箱，加上先前共計 15 ～ 20 分鐘。

20 出爐後在桌面敲擊 2 下後，從烤盤移出至層架。

21 撕開側邊紙，靜置放涼。

22 上方蓋上白報紙，壓住反轉後去除底紙。

23 上方再蓋上白報紙，壓住翻面，使烤面朝上。

24 抹上薄薄一層巧克力煉乳奶油霜，越薄越好。

完成了！

25 底部先劃切出 2 道刀痕。

26 擀麵棍置於紙下，捲起蛋糕，先在劃刀處壓一下，完成摺疊貼合。

27 慢慢移動擀麵棍，將蛋糕捲到底。

28 靜置 30 分鐘定型。定形後表面灑上可可粉。

巧克力蛋糕卷

配方食材與步驟同巧克力毛巾卷，但以煉乳奶油霜取代巧克力煉乳奶油霜。定形後，再擠上造型煉乳鮮奶油、以巧克力片、馬卡龍妝點。

堅果巧克力蛋糕卷

🌸 最佳賞味期 **3** 天

將巧克力毛巾卷完成定形後，
蛋糕體抹上煉乳奶油霜，沾取
切碎的烤杏仁果。

Matcha chiffon cake roll

可愛抹茶毛巾卷

⚙ 最佳賞味期 3 天

呂老師 Note

為了要讓抹茶戚風蛋糕風味更輕爽，所以配方選用了柳澄汁，若想自行改用鮮奶代替也可以。沙拉油亦可用其他液態油替代。

製作分量

一卷

烤箱設定

上 190℃ 下 140℃ ⏱ 20 分鐘

主要器具

鋼盆　　　半盤烤盤
長刮刀　　刮板
打蛋器　　擀麵棍
手持攪拌機

配方食材

•抹茶煉乳奶油霜
無鹽奶油 200g
純糖粉 50g
煉乳 50g

•抹茶戚風蛋糕
蛋黃 80g
蜂蜜 20g
香草莢醬 1g
沙拉油 100g
柳橙汁 100g
低筋麵粉 100g
玉米粉 10g

抹茶粉 8g
蛋白 200g
砂糖 100g
抹茶粉 4g

步　驟

•抹茶煉乳奶油霜

1 奶油、糖粉、煉乳一起打發。

2 打發完成會是變白變蓬鬆的狀態。

3 加入抹茶粉攪拌均勻。

•抹茶戚風蛋糕

4 蛋黃、蜂蜜、香草莢醬，攪拌均勻。

5 加入柳橙汁、沙拉油、過篩麵粉、過篩玉米　　7 用乾淨鋼盆打蛋白。糖準備分成 3 等份加入。
　粉、過篩抹茶粉，攪拌。　　　　　　　　　　8 拌打至起泡後，加入第 1 份糖。

6 攪拌均勻至光滑不結粒狀態完成蛋黃醬。

9 繼續攪拌至組織蓬鬆後，加入第 2 份糖。

10 繼續攪拌至出現紋路後，加入第 3 份糖。

11 以中速繼續攪拌。打發至尖端微彎即完成。

12 蛋黃醬中加入 1/3 打發蛋白，略拌至大理石紋路狀。

13 加入剩餘 2/3 蛋白，輕輕拌勻。拌勻完成的麵糊是光滑的。

14 烤盤墊兩層烘焙紙，四邊各剪一刀。

15 烤盤底噴水，貼合烘焙紙。

16 麵糊倒入烤盤，由中間向外抹平。要抹得非常光滑。

17 與桌面相距 10 公分敲擊 1 下。

18 放入預熱好的烤箱。先烤 10 ～ 13 分鐘，表面結皮後取出轉方向。再次進烤箱，加上先前共
計 15 ～ 20 分鐘。

19 出爐後在桌面敲擊 2 下。從烤盤移出至層架。

20 撕開側邊紙，靜置放涼。

21 上方蓋上白報紙，壓住反轉後去除底紙。

22 抹上薄薄一層抹茶煉乳奶油霜，越薄越好。

23 蛋糕底部先劃切出 2 道刀痕。

24 擀麵棍置於紙下，捲起蛋糕，先在劃刀處壓一下。

完成了！

25 剛才劃切刀的部位完成摺疊貼合。

26 慢慢移動擀麵棍，將蛋糕捲到底。

27 移掉擀麵棍，靜置 30 分鐘定形。

示範製作使用

丸久小山園清綠抹茶粉
│熟諳抹茶的名門茶鋪│

丸久小山園製茶歷史悠
久，只選用最上等宇治抹
茶以獨門技法研磨。清綠
為海外限定款，色澤鮮綠
飽滿。如果同學只想用手
邊的抹茶粉或綠茶粉製作
也沒問題，只是成色會因
使用的品牌而有所不同，
尤其若不是使用烘焙專用
的抹茶粉，很容易在烘烤
過程因其葉綠素被破壞造
成褐變。

Honey sponge cake roll

可愛蜂蜜毛巾卷

🌸 最佳賞味期 3 天

呂老師 Note

捲蛋糕時，將較窄的一面做為底部，捲起來會讓圈數增加，抹醬也因此需要抹厚一點點，因此搭配輕爽的義式奶油霜，吃起來才不會覺得膩。

製作分量

一卷

烤箱設定

上 190℃ 下 140℃ ⏱ 12 ～ 15 分鐘

主要器具

鋼盆
手持攪拌機
長刮刀
打蛋器
半盤烤盤
刮板
擀麵棍

配方食材

• 檸檬義式奶油霜
水 50g
細砂糖 150g
蛋白 75g
無鹽奶油 250g
檸檬皮 半顆
檸檬汁 20g

• 蜂蜜蛋糕
蛋黃 120g
蜂蜜 40g
鮮奶 30g
無鹽奶油 20g
蛋白 160g
砂糖 70g
低筋麵粉 70g

步 驟

• 檸檬義式奶油霜

1 先加水再加入砂糖。

2 小火熬煮加熱，不要攪拌以免結晶。

3 煮到 115 ～ 120℃後完成糖漿。

4 蛋白放入乾淨鋼盆攪拌至起泡。

5 一邊繼續攪拌一邊慢慢一點一點的倒入糖漿。

6 繼續攪拌至半乾性發泡狀態，溫度約降到 30℃。

7 奶油切小塊加入後，一起攪拌均勻。

8 攪拌過程第一階段可見奶油有顆粒結塊現象。

9 攪拌過程第二階段可見奶油有點分離感。

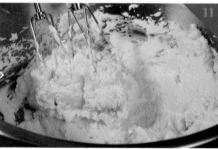

10 攪拌至漸漸變光滑，停下刮鋼，確保完全均勻。

11 繼續攪拌至完全光滑。

12 加入檸檬皮及檸檬汁拌勻完成調味。

● 蜂蜜蛋糕

13 蛋黃加入蜂蜜，攪拌均勻成蛋黃醬（A）。

14 鮮奶、奶油，隔水加熱融化，保溫 50 ～ 60℃（B）。

15 用乾淨鋼盆打蛋白。糖準備分成 3 等份加入。

16 拌打至起泡後，加入第 1 份糖。

17 繼續攪拌至組織蓬鬆後，加入第 2 份糖。

18 繼續攪拌至出現紋路後，加入第 3 份糖。

19 以中速繼續攪拌。

20 打發至尖端微彎即完成。

21 蛋黃醬（A）加入打發蛋白。

22 略為攪勻至看不見蛋黃醬即可。

23 加入過篩麵粉,拌至無粉粒狀態。

24 加入保持溫度的鮮奶奶油(B)攪拌均勻。

25 烤盤底噴水,貼合烘焙紙。麵糊倒入烤盤。

26 由中間向外抹平,要抹得非常光滑。

27 與桌面相距 10 公分敲擊 1 下。放入預熱好的烤箱計時烘焙。

 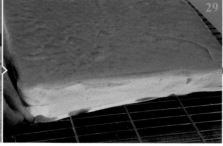 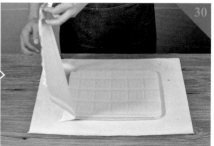

28 出爐後在桌面敲擊 2 下。從烤盤移出至層架。

29 撕開側邊紙,靜置放涼。

30 上方蓋上白報紙,壓住反轉後去除底紙。

31 抹上一層奶油霜，不要太薄。

32 底部先劃切出 2 道刀痕。

33 擀麵棍置於紙下，捲起蛋糕，先在劃刀處壓一下。

完成了！

34 剛才劃切刀的部位完成摺疊貼合。

35 慢慢移動擀麵棍，將蛋糕捲到底。

36 移掉擀麵棍，靜置 30 分鐘定形。

 請問呂老師

Q 蛋糕卷烘烤出來為什麼底部會顏色很深？

A 有可能是烤太久，也有可能下火溫度太高，因此遇到這種狀況
可以考慮縮短烘烤時間，或是降低下火 10 ～ 20℃。

時尚的慕斯甜點

活用脆餅及餅乾粉
輕鬆完成職人等級的慕斯

重點主角：莊園巧克力饗宴

Manor chocolate feust

莊園巧克力饗宴

🌸 最佳賞味期 冷凍 5 天 / 冷藏 3 天

製作分量

7×7×4 公分慕斯杯 ×6 個

主要器具

鋼盆
桌上型攪拌機
長刮刀
手持攪拌機
打蛋器

配方食材

•鮮奶油香緹
動物性鮮奶油 200g
砂糖 20g

•巧克力慕斯
苦甜巧克力 125g
動物性鮮奶油 50g
蛋黃 40g
蛋白 125g
砂糖 35g
杏仁脆餅 適量
巧克力碎片 適量

◆ 時尚的慕斯甜點 ◆

步 驟

• 鮮奶油香緹

1 冰的鮮奶油 200g、砂糖 20g 以球形攪打至有紋路、挺立。

• 巧克力慕斯

2 隔水融化巧克力。水溫不超過 50℃。

3 融化好的巧克力保持微溫 30 ～ 32℃（A）。

4 鮮奶油、蛋黃輕輕攪拌，一起隔水加熱。

5 隔水加熱時水溫不要超過 60℃否則蛋黃會熟（B）。

6 將蛋黃醬（B）倒入融化的巧克力醬（A），先不拌，靜置成（C）。

7 蛋白、砂糖一起隔水加熱並攪拌。

8 加熱到 50 ～ 60℃，離火繼續打發。

9 打發完成會富含空氣，類似頭髮造型慕斯狀態。

10 原本靜置的蛋黃巧克力醬（C），輕輕拌勻。

11 拌勻的蛋黃巧克力醬倒入打發蛋白中。

12 以切拌方式攪拌均勻。

13 繼續攪拌至完成乳化，成為滑順光亮的巧克力慕斯。

14 裝入擠花袋。

15 杯子底部先擠一薄層的巧克力慕斯。

16 灑上一層杏仁脆餅（P.141）及巧克力碎片。

17 再擠一層巧克力慕斯。

18 輕敲杯底使其均勻攤平。

完成了！

19 上方擺放少許杏仁脆餅（P.141）點綴。

20 冷凍 1 小時。

21 食用前可用香緹、巧克力片點綴。

Caramel walnut milk chocolate mousse

焦糖核桃牛奶巧克力慕斯

● 最佳賞味期 冷凍 5 天 / 冷藏 3 天

呂老師 Note

焦糖核桃與慕斯及許多甜點都十分搭，大家學會做法可以發揮創意運用。

製作分量

直徑 7* 高 4 公分慕斯杯 ×6 個

主要器具

鋼盆
打蛋器
長刮刀
烤盤

配方食材

• 牛奶巧克力慕斯
吉利丁片 5g
細砂糖 10g
蛋黃 20g
鮮奶 120g
牛奶巧克力 100g
杏仁脆餅 適量
可可粉 適量
動物性鮮奶油 100g

• 焦糖核桃
核桃 150g
細砂糖 80g
蜂蜜 20g
無鹽奶油 20g
動物性鮮奶油 20g

步 驟

• 牛奶巧克力慕斯

1 吉利丁片以冰開水泡軟備用。

2 糖、蛋黃、鮮奶一起隔水加熱攪拌到 65℃完成。

3 加入泡軟後瀝水的吉利丁片攪拌均勻。

4 加入巧克力，離火繼續拌勻後，靜置至降溫 22 ～ 25℃。

5 杏仁脆餅（P.141）以過篩的可可粉調味染色拌勻。

6 慕斯杯底部以可可杏仁脆餅鋪平。

7 鮮奶油打發後，加入降溫完成的巧克力蛋黃醬。

8 拌至九分均勻，裝入量杯。

9 倒入慕斯杯中，8 分滿。

10 完成後冷凍 3 小時以上。

• 焦糖核桃

11 核桃以上下火 100℃烘烤 15 ～ 20 分鐘。

12 將糖煮到溶化並且顏色變深後轉小火。

13 加入蜂密、奶油、鮮奶油煮到焦糖狀熄火。

14 加入烤好的核桃翻拌均勻。

15 開火讓核桃受熱，使上色更均勻。

16 烤盤鋪不沾布，倒入焦糖核桃。在硬化前稍微攤平。

17 蓋上不沾布。

18 用另一個烤盤向下施壓，使其成形。

19 靜置冷卻後切塊備用。

完成了！

20 冷凍完成的慕斯運用香緹、巧克力片、杏仁脆餅（P.141）做裝飾。

21 上方加一塊焦糖核桃。

 請問呂老師

Q 焦糖核桃製作完成為什麼會有油耗味？

A 過度加熱就會讓核桃出現油耗味。有可能是核桃原本就烤過頭了，
或是焦糖與核桃在一起煮太久了。

藍莓生乳酪蛋糕

🌸 最佳賞味期 冷凍 5 天 / 冷藏 3 天

製作分量

6 吋 ×1 顆

主要器具

6 吋蛋糕模
鋼盆
長刮刀
湯匙
打蛋器
手持攪拌機
篩網

配方食材

• 原味餅乾底
餅乾粉 100g
無鹽奶油 35g
防潮糖粉 適量

• 慕斯蛋糕
吉利丁片 4g
蛋黃 50g
砂糖 40g
開水 20g
奶油乳酪 200g
檸檬汁 20g
動物性鮮奶油 200g
藍莓 100g

步 驟

• 前置動作

1 模具內緣抹少許奶油。

2 底部放上相同尺寸烘焙紙。

• 餅乾底

3 奶油隔水加熱至融化後離火。

4 加入餅乾粉攪拌均勻。

121

5 倒入模具，以湯匙底部鋪開壓緊。

• 慕斯蛋糕

6 吉利丁片以冰開水泡軟備用。

7 蛋黃、砂糖、開水一起隔水加熱，完成蛋黃殺菌。

8 加熱過程中需一直攪拌，加熱到 65 度後熄火。

9 加入泡軟吉利丁片攪拌融化。

10 加入奶油乳酪，攪拌至無結粒。

11 加入檸檬汁攪拌均勻。

12 麵糊過篩後靜置降溫。

13 鮮奶油打發。加入降溫至 25℃的麵糊拌勻。

14 加入藍莓拌合。

15 倒入模具，約九分滿。

16 輕敲桌面一次，讓表面攤平。

17 表面灑放杏仁脆餅（P.141）。

18 用長刮刀輕拍表面，讓表面變平。

19 冷凍 4 小時以上。

20 冷凍完成，用噴槍燒模具外圍整圈。

完成了！

21 用噴槍燒模具底座。

22 翻轉蛋糕，倒扣脫模。

23 反轉蛋糕擺正在盤子上。

24 表面灑上糖粉。

 請問呂老師

Q 生乳酪蛋糕的名稱怎麼來的？它不是一款慕斯蛋糕才對嗎？

A 它的確是一款慕斯蛋糕沒錯，但也像一個不烤焙的乳酪蛋糕，會根據你選用的奶油乳酪而有不同風味。

Tiramisu

提拉蜜蘇蛋糕

提拉蜜蘇
慕斯餅乾派

提拉蜜蘇蛋糕

最佳賞味期 冷凍 5 天 / 冷藏 3 天

呂老師 Note

配方可製作 2 個 6 吋，這樣大家就可以同時做出正統指型蛋糕底、簡易餅乾粉底，2 種提拉蜜蘇喔。

製作分量

6 吋 ×2 個

主要器具

6 吋慕斯框
鋼盆
打蛋器
手持攪拌機
長刮刀
篩網
抹刀

配方食材

- 咖啡淋醬
咖啡粉 5g
水 100g
砂糖 60g
- 提拉蜜蘇
吉利丁片 5g
水 20g
二砂 60g
蛋黃 30g
Mascarpone 250g
動物性鮮奶油 200g

- 手指蛋糕
蛋黃 80g
砂糖 60g
香草莢醬 1g
蛋白 130g
砂糖 60g
低筋麵粉 125g

步驟

- 咖啡淋醬

1 咖啡粉加入水，煮至完全溶解。

2 加入糖攪拌溶化後熄火，冷卻備用。

- 手指蛋糕

3 砂糖、蛋黃、香草莢醬一起拌勻（A）。

4 用乾淨鋼盆打蛋白。糖準備分成 3 等份加入。

125

5 拌打至起泡後，加入第 1 份糖。

6 繼續攪拌打至組織蓬鬆後，加入第 2 份糖。

7 繼續攪拌打至出現紋路後，加入第 3 份糖。

8 以中速繼續攪拌，打發至拉起時尖端堅挺（B）。

9 蛋黃糊（A）加入打發蛋白（B）中攪拌。

10 加入過篩麵粉，由下往上方的方式輕輕拌勻。

11 裝入擠花袋。

12 烤盤底噴水，放上烘焙紙後，擺上 6 吋慕斯框。

13 由中心點向外以螺旋方式擠出環狀圓形麵糊 2 個。

14 麵糊最外圍要距慕斯框約 1 公分距離。

15 麵糊上方灑滿糖粉。

16 放入預熱好的烤箱。上下 200℃，烤 8 ～ 9 分鐘。出爐後靜置放涼，完成指型蛋糕。

17 慕斯框的底部封保鮮膜，放上底紙。

18 模具底鋪上 1 片指型蛋糕。

19 在指型蛋糕上澆淋咖啡淋醬。

• 提拉蜜蘇

20 吉利丁片以冰開水泡軟備用。

21 水、糖、蛋黃一起隔水加熱，需不斷攪拌。

22 加熱到 65℃完成，會有點像奶昔的狀態。

23 加入泡軟後擠乾水分的吉利丁片攪拌。

24 繼續攪拌打發至麵糊降溫到 20 ～ 25℃。

25 Mascarpone 分塊加入後攪拌。

26 攪拌成奶油霜狀態即可，不要攪拌過久。

27 鮮奶油打發後加入，用長刮刀拌至 9 分均勻。

28 裝入擠花袋完成慕斯。

29 以螺旋方式從模具蛋糕底中間向外擠整圈慕斯。

30 鋪上第 2 片指型蛋糕輕壓，與慕斯貼合

31 指型蛋糕淋上咖啡淋醬。

32 淋到湯匙輕壓蛋糕體會有液體浮現才足量。

33 慕斯擠滿剩餘空間。

34 用抹刀修平表面。

35 冷凍 2 小時完成，去除模具保鮮膜。

36 底紙保留使用，底部才不會髒掉。

＼完成了！／

37 放在盤子上用噴槍燒模具外圍整圈。

38 將模具框輕輕往上抽，完成脫模。

39 表面均勻灑上可可粉。

提拉蜜蘇
慕斯餅乾派

⚙ 最佳賞味期 冷凍 5 天 / 冷藏 3 天

時尚的慕斯甜點

呂老師 Note

製作提拉蜜蘇最重要的就是加入 Mascarpone 後的攪拌不能過久，只要攪拌到稍微均勻程度，打成像奶油霜一樣的狀態即可。

製作分量

6 吋 ×2 個

主要器具

6 吋慕斯框	湯匙
鋼盆	刮板
長刮刀	
打蛋器	

配方食材

• 巧克力餅乾底
無鹽奶油 35g
巧克力餅乾粉 100g

• 咖啡巧克力醬
牛奶巧克力 50g
動物性鮮奶油 50g
即溶咖啡粉 3g

• 提拉蜜蘇
吉利丁片 5g
水 20g
二砂 60g
蛋黃 30g
Mascarpone 250g
動物性鮮奶油 200g

步驟

• 巧克力餅乾底

1 奶油隔水加熱至融化。

2 加入巧克力餅乾粉拌勻。

3 慕斯框的底部封保鮮膜，放上底紙。

4 倒入剛拌勻的餅乾粉，用湯匙底壓平。

• 提拉蜜蘇

5 吉利丁片以冰開水泡軟備用。

6 水、糖、蛋黃一起隔水加熱，需不斷攪拌。

7 加熱到 65℃完成，會有點像奶昔的狀態。

8 加入泡軟後擠乾水分的吉利丁片攪拌。

9 繼續攪拌打發至麵糊降溫到 20～25℃。

10 Mascarpone 分塊加入後攪拌。

11 攪拌成奶油霜狀態即可，不要攪拌過久。

12 鮮奶油打發後加入，用長刮刀拌至 9 分均勻。

13 裝入擠花袋完成慕斯。

14 以螺旋方式從模具餅乾底中間向外擠整圈慕斯。

15 用剪對半的軟刮板抹平表層後，冷凍 30 分鐘。

• 咖啡巧克力醬

16 巧克力、鮮奶油、咖啡粉隔水加熱攪拌。

17 巧克力完全融化後離火，繼續攪拌至有流性。

18 冷凍完成，淋上咖啡巧克力醬。淋好就迅速晃轉攤平，形成鏡面。

19 冷凍 2 小時。

20 冷凍完成，去除模具保鮮膜。

 完成了！

21 底紙保留不拆，底部才不會髒掉。

22 放在罐頭上用噴槍燒模具外圍整圈。

23 將模具框下壓，完成脫模。

！ **請問呂老師**

Q 提拉蜜蘇製作是否可以不加吉利丁？

A 可以，但如果不加就必須裝在模型杯中，不能像原配方這樣可以使用脫模容器製作。

Strawberry white chocolate mousse

草莓白巧克力慕斯

🌸 最佳賞味期 冷凍 5 天 / 冷藏 3 天

呂老師 Note

蛋在攪拌時隔水加熱，作用是替雞蛋完成殺菌。

製作分量

直徑 5.5* 高 7 公分慕斯杯 ×5 個

主要器具

鋼盆
長刮刀
打蛋器
桌上型攪拌機
抹刀

配方食材

• 白巧克力慕斯
吉利丁 2g
白巧克力 80g
蛋黃 25g
砂糖 50g
君度橙酒 10g
動物性鮮奶油 150g
杏仁脆餅 適量

• 糖漬草莓
草莓 100g
砂糖 10g
蜂蜜 10g

• 鮮奶油香緹
動物性鮮奶油 200g
砂糖 20g

步　驟

• 糖漬草莓

1 切丁草莓、砂糖、蜂蜜拌合。

2 盆口封保鮮膜，冷藏靜置 30 分鐘後瀝除水分。

• 鮮奶油香緹

3 冰鮮奶油、糖放入桌上型攪拌機鋼盆中。

4 以球形攪打均勻至有紋路、挺立後，裝入擠花袋備用。

- 主體

5 吉利丁片以冰開水泡軟備用。

6 巧克力隔水融化。

7 蛋黃、糖隔水加熱攪拌，至 40 ～ 50℃。

8 加入橙酒拌勻。

9 加入泡軟後擠乾水分的吉利丁片。

10 攪拌至完全溶化均勻。

11 加入融化巧克力，輕輕拌合。

12 加入打發的鮮奶油，拌勻至柔軟滑順。

13 完成慕斯，裝入擠花袋。

14 模杯擠入 5 分滿的慕斯。

15 灑上些許杏仁脆餅（P.141）。

16 鋪一層瀝去水分的糖漬草莓。

17 中間擠一大球鮮奶油香緹。

18 外圍擠一圈慕斯。

19 用抹刀抹平表面。

完成了！

20 冷凍 3 小時以上。

21 食用前可用鮮奶油香緹及水果做裝飾。

 請問呂老師

Q 覺得慕斯蛋糕太軟的話要怎麼調整？

A 可以增加 1.5 倍吉利丁片量。

Raspberry chocolate parfait

覆盆子巧克力帕菲

🌸 最佳賞味期 冷凍 5 天 / 冷藏 3 天

◆ 時尚的慕斯甜點 ◆

呂老師 Note

因為是不使用吉利丁片的配方,所以這道巧克力帕菲,奶蛋素食者可以吃喔。

製作分量

直徑 6.5*3.5 公分慕斯杯 × 4 個

主要器具

鋼盆
長刮刀
桌上型攪拌機
擠花袋

配方食材

• 巧克力帕菲
苦甜巧克力 150g
杏仁脆餅 適量
可可粉 適量
動物性鮮奶油 15g
砂糖 15g
蛋黃 25g
打發的動物性鮮奶油
100g

• 覆盆子果醬
新鮮覆盆子 100g
砂糖 30g
檸檬汁 10g

步　驟

• 覆盆子果醬

1 覆盆子、砂糖、檸檬汁一起熬煮 5 分鐘,放涼裝擠花袋備用。

• 巧克力帕菲

2 巧克力隔水融化,保溫靜置待用。

3 杏仁脆餅(P.141)以過篩的可可粉染色拌勻。

4 鮮奶油、糖、蛋黃隔水加熱攪拌至 40～50℃後離火。

5 加入融化巧克力、打發的鮮奶油。

6 迅速攪拌，融合均勻。

7 完成的慕斯，裝入擠花袋。

8 模杯擠入 1 球慕斯。

9 敲擊杯底讓慕斯醬攤平。

10 中間擠入覆盆子果醬。

11 可可杏仁脆餅灑放外圈。

＼完成了！／

12 再擠上一層慕斯。冷凍 1 小時。

13 冷凍完成後表面灑上可可粉。

14 可再用巧克力片、馬可龍、杏仁脆餅做裝飾。

香緹巧克力帕菲

⚙ 最佳賞味期 冷凍 **5** 天 / 冷藏 **3** 天

配方食材同覆盆子
巧克力帕菲。

步　驟

依巧克力帕菲配方及步驟 1～13 完成慕斯，表層擠上鮮奶油香緹，冷凍 1 小時後完成。上桌前
可再利用馬可龍、新鮮水果裝飾。

Almond cookies

杏仁脆餅

🌸 最佳賞味期 5 天

呂老師 Note

烘烤期間要先拿出來翻動，
這樣才能上色均勻。

製作分量	烤箱設定	配方食材	主要器具
220g×1 份	180℃ 🕐 10 ～ 12 分鐘	無鹽奶油 50g 細砂糖 60g 杏仁粉 20g 低筋麵粉 90g	鋼盆 手持攪拌機 刮板

步 驟

1 奶油、糖一起攪拌均勻。

2 加入過篩杏仁粉及過篩麵粉。

3 繼續攪拌，完成會是砂粒狀，不會成團。

4 倒在烤盤上左右晃動將其攤平。

5 放入預熱好的烤箱。烤 8 分鐘先取出翻動。

6 再放回烤箱繼續計時烤完後即完成。

使用小模型的柔軟甜點

只需要居家設備
化身五星級飯店的甜點主廚

重點主角：香草舒芙蕾

香草舒芙蕾

⚙ 最佳賞味期 15 分鐘

呂老師 Note

製作的加熱過程記得全程使用穩定爐溫；
裝杯後整圈杯緣都要用手指抹淨,這樣
膨脹時才不會黏在杯緣,舒芙蕾才會順
利長高。

製作分量

直徑 9 公分陶杯 ×6 個

烤箱設定

200℃ ⏱ 10 ～ 15 分鐘

主要器具

鋼盆
木杓
手持攪拌器
長刮刀
抹刀

配方食材

• 前置動作
奶油 少許
砂糖 適量

• 舒芙蕾
無鹽奶油 50g
低筋麵粉 50g

鮮奶　250g
蛋黃　100g
香草莢醬　2g
蛋白　125g
砂糖　70g
純糖粉　適量

步　驟

1 陶杯內部均勻刷上奶油。

2 倒入砂糖,旋轉杯身均勻沾附。

3 敲一敲去除多餘的糖倒掉。

• 舒芙蕾

4 奶油以小火加熱融化。

5 加入過篩的低筋麵粉，拌炒混合均勻。

6 鮮奶分多次加入，用木匙慢慢將麵糊拌開。

7 熄火並繼續攪拌麵糊，直到光滑。

8 完成的麵糊，拉起會形成倒三角形，具流性。

9 加入蛋黃、香草莢醬，用木匙拌勻。

10 過程以長刮刀輔助刮淨。

11 拌勻後盆口封保鮮膜置旁待用。

12 用乾淨鋼盆打蛋白。糖準備分成三份加入。

13 拌打至起泡後，加入第 1 份糖。

14 繼續攪拌打至組織蓬鬆後，加入第 2 份糖。

15 繼續攪拌打至出現紋路後，加入第 3 份糖。

16 以中速繼續攪拌至拉起時會尖端微彎，打發完成。

17 挖取 1/3 打發蛋白放入剛才置旁待用的麵糊中。

18 輕拌至滑順狀態。

19 加入剩餘的 2/3 打發蛋白，完全拌勻後裝進擠花袋中。

20 擠入陶杯，麵糊必須略高於杯口。

完成了！

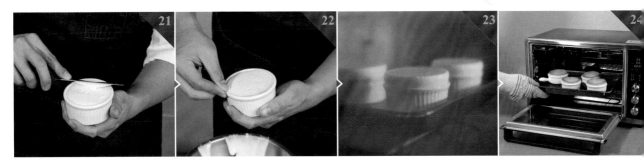

21 用抹刀抹平表面，去除多餘麵糊。

22 以拇指抹淨杯緣麵糊。

23 輕敲杯底後，放入預熱好的烤箱計時烘焙。

24 出爐後上方灑上糖粉並立即食用。

 請問呂老師

Q 舒芙蕾配方可以再自行減糖嗎？

A 舒芙蕾如果再減糖，會做不出輕盈感。因為蛋白打蓬鬆需要糖來保持住水分，少了糖會讓成品過於乾燥。

Caramel pudding

焦糖布丁

使用小模型的柔軟甜點

🌸 最佳賞味期 3 天

呂老師 Note

要讓布丁滑嫩,請務必將雞蛋黏膜完全打散喔!

製作分量

直徑 7.7 公分布丁杯 × 8 個

烤箱設定

150℃ ⏱ 40 ～ 45 分鐘

主要器具

鋼盆	篩網
打蛋器	量杯
木杓	烤盤
湯匙	

配方食材

● 焦糖漿
砂糖 40g
水 10g

● 布丁
砂糖 100g
雞蛋 200g
蛋黃 40g
香草莢醬 2g
動物性鮮奶油 100g
鮮奶 400g

步　驟

● 焦糖漿

1 砂糖以小火加熱,持續攪拌。

2 糖溶化後仍繼續加熱及攪拌。

3 煮至焦糖化色澤,加入水拌勻,調整柔軟度。

4 布丁杯正中間舀入一匙約 4 ～ 5g 焦糖漿，靜置 10 ～ 15 分鐘。

• 布丁

5 乾淨鋼盆裡加入砂糖、雞蛋、蛋黃、香草莢醬。

6 用川字形輕拌，以不起太多泡泡為原則。

7 加入冰的鮮奶油輕輕攪拌，會使布丁液很快消泡。

8 務必攪拌至雞蛋黏膜完全打散，呈水化狀。

9 先將鮮奶加熱到 40 ～ 50℃微溫。

10 溫鮮奶從側邊慢慢加入，產生的氣泡才會少。 小技巧

11 輕輕拌勻之後，用保鮮膜貼合布丁液表面。

12 靜置 15 ～ 20 分鐘後，慢慢掀保鮮膜，吸附去除氣泡。

13 將布丁液貼近篩網側邊，慢慢倒入過篩。

14 再以貼近側邊方式倒入量杯中。

15 沿著裝焦糖液的布丁杯側邊倒入布丁液，每杯約 100g。

完成了！

16 烤盤內倒入約 1.5 公分的水，放入預熱好的烤箱計時烘焙。

17 出爐倒掉烤盤中的熱水。

18 重新倒入約 1.5 ～ 2 公分高的冷水。靜置放涼 1 小時，再放冷藏 2 小時以上。

 請問呂老師

Q 焦糖布丁配方是否可以不使用鮮奶油製作？

A 可以，就用鮮奶直接替代鮮奶油，分量不變。差別在於使用
鮮奶油會讓口感比較滑嫩。

Crème brûlée

！ 請問呂老師

Q 布蕾在書中有分水浴法及免水浴法，兩者配方可否對調？

A 不行。免水浴法採用純鮮奶油配方，才能夠低溫烘烤就凝結。

天使布蕾

⚙ 最佳賞味期 3 天

使用小模型的柔軟甜點

呂老師 Note

在倒入液體食材時,都要注意需沿著容器邊,慢慢的傾倒,這樣可以盡量避免出現小氣泡,完成的布蕾才會夠滑嫩,品嘗時猶如遇見天使般的美味感。

製作分量

直徑 9 公分陶杯 × 6 個

烤箱設定

150 ～ 160℃ ⏱ 30 ～ 35 分鐘

主要器具

鋼盆	量杯
打蛋器	烤盤
篩網	噴槍

配方食材

• 布蕾
新鮮香草莢 1 條
白砂糖 50g
蛋黃 100g
動物性鮮奶油 300g
鮮奶 200g

• 焦糖
二砂 適量

步 驟

• 布蕾

1 香草莢籽、砂糖、蛋黃,立刻攪拌以免結粒。

2 用川字形輕拌,以不起太多泡泡為原則。

3 加入冰的鮮奶油,繼續川字形輕輕拌勻。

4 將鮮奶加熱到 40 ～ 50℃微溫。

5 從側邊將微溫鮮奶慢慢加入，避免起泡。

6 拌勻後用保鮮膜貼合布蕾液表面，靜置 15 ～ 20 分鐘。

7 慢慢掀開保鮮膜，去除氣泡讓表面光滑。

8 沿篩網側邊慢慢倒入過篩。

9 貼近量杯側邊慢慢倒入。

10 沿陶杯側邊倒入，依容器大小，每杯約 90 ～ 110g。

11 烤盤內倒入約 1.5 公分的熱水，放入預熱好的烤箱計時烘焙。

12 出爐先靜置 1 小時放涼，再冰冷藏 2 小時以上。

完成了！

● 焦糖

13 冷藏完成，在上方灑二砂糖，左右搖至表面均勻。

14 以噴槍將糖烤成焦糖。

15 冰箱冷藏 10 ～ 15 分鐘再食用，表層焦糖會更脆。

免水浴法

天使布蕾

🌸 最佳賞味期 3 天

呂老師 Note

加熱鮮奶油時，勿加熱過度以免乳脂分離。加入期間可以攪拌，但注意不要拌到起泡，完成時看起來是亮亮的，不能花花的喔。

製作分量

直徑 6 公分陶製杯 × 4 個

烤箱設定

100℃ ⏱ 30 ～ 35 分鐘

主要器具

鋼盆　　　量杯
打蛋器　　烤盤
長刮刀　　噴槍
篩網

配方食材

•布蕾
香草莢醬 2g
砂糖 30g
蛋黃 50g
動物性鮮奶油 300g

•焦糖
二砂 適量

步驟

•布蕾

1 香草莢醬、砂糖、蛋黃，馬上攪拌，以免結粒，完成蛋黃醬（A）。

2 用川字形輕拌，以不起太多泡泡為原則。

3 將鮮奶油先加熱至約 50℃ 微溫（B）。

4 蛋黃醬（A）加入鮮奶油（B），川字形輕拌，避免起泡。

5 保鮮膜貼合布蕾液表面，靜置 10 ～ 15 分鐘。

6 慢慢掀開保鮮膜，去除氣泡讓表面光滑。

7 沿篩網側邊慢慢倒入過篩。

8 貼近量杯側邊慢慢倒入。

9 沿陶杯側邊倒入，依容器大小，每杯約 90 ～ 110g。

10 放入預熱好的烤箱計時烘焙。

11 出爐靜置 1 小時放涼，再冰冷藏 2 小時以上。

• 焦糖

12 冷藏完成，上方灑糖。

完成了！

13 左右搖晃讓糖在表面均勻。

14 以噴槍將糖炙燒成焦糖。

15 冰箱冷藏 10 ～ 15 分鐘後再食用，會更好吃。

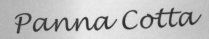

Panna Cotta

請問呂老師

Q 吉利丁片用量要很精準嗎？

A 吉利丁片是奶酪的重點之一，書中配方的量都是剛剛好可以凝結液體材料，所以秤的時候要注意一定要精準，也可用吉利丁粉同比例替代。

義大利奶酪

🌸 最佳賞味期 3 天

呂老師 Note

利用家中現有小器皿就可製作。製作過程中最重要的，就是全程都要注意不能起泡，否則會造成保存期限縮短，還會讓風味變淡。

製作分量	烤箱設定	主要器具	配方食材
60g × 9 個	無	鋼盆 長刮刀 量杯	鮮奶 300g 砂糖 40g 吉利丁片 5g 動物性鮮奶油 200g

步驟

1 吉利丁片以冰開水泡軟備用。

2 一片以上的吉利丁片需交錯放置。

3 鮮奶加入砂糖後加熱輕拌至 50℃後關火。

4 泡軟的吉利丁片擠乾水分後加入，輕拌至融化。

5 倒入鮮奶油，輕拌勻後，沿側邊輕輕倒入量杯。

6 以量杯沿邊倒入器皿後，杯口加蓋或封保鮮膜，冷藏 3 小時。

Mineoka tofu

嶺岡豆腐

🌸 最佳賞味期 2 天

製作分量

100g × 5 個

烤箱設定

無

主要器具

鋼盆
長刮刀
量杯

配方食材

● 嶺岡豆腐
鮮奶 500g
吉利丁片 5g

● 黑糖漿
砂糖 30g
二砂 30g
黑糖 30g
水 90g

步　驟

1 吉利丁片以冰開水泡軟備用。

2 一片以上的吉利丁片需交錯放置。

3 鮮奶加熱至 50℃後關火。

4 泡軟的吉利丁片擠乾水分後加入。

5 輕拌至吉利丁片融化。

6 盆口封保鮮膜靜置 30 分鐘，等待溫度下降。

7 沿量杯側邊輕輕倒入，小心不要產生氣泡。

8 使用家中現有小容皿，沿邊倒入 8 分滿。

9 杯口加蓋或封保鮮膜，放入冰箱冷藏 3 小時。

完成了！

● 黑糖漿

10 砂糖、二砂、黑糖、水一起加熱。

11 煮滾至糖完全溶化。

12 冷卻後放冰箱冷藏，食用前淋在奶酪上。

呂昇達老師的 Q&A 專欄

Q: 為什麼舒芙蕾出爐時會發現一邊高一邊低不一致？

A: 可能是陶瓷杯抹油時抹的不夠均勻，或有可能是糖灑得太厚、不均勻，這兩個原因都會導致舒芙蕾無法均勻向上膨脹。

Q: 書中的布蕾、布丁液為何都不利用衛生紙吸附掉小泡泡？

A: 老師不建議大家用衛生紙類的製品去吸除表面氣泡，第一點，衛生紙很有可能會有些融化的綿絮纖維掉落在布丁中，第二點，用衛生紙吸附掉表面氣泡時，也同時會將油脂吸附走，這樣一來，布丁風味就會變得比較弱。因此才會教大家利用保鮮膜覆蓋掀除表面氣泡。

Q: 奶酪是來自何處的甜點？

A: 奶酪 Panna Cotta 是一道義大利甜點，正統配方使用純鮮奶油，雖然好吃，但口感太過濃郁，因此現在不論市面販售或居家製作，都會把鮮奶油配方調低。

Q: 嶺岡豆腐的名稱由來？

A: 位於靜岡縣的嶺岡是日本酪農業的產地，盛產牛乳，因此發展出多樣的鮮奶甜點，也有一說是日本戰國時期，德川吉宗將軍視察領土，來到嶺岡牧場，指名點餐豆腐，但田野牧場並沒有現成豆腐，苦惱的廚師想起了日本的特殊飲食命名習慣，會將如同豆腐口感及外型的食物，也命名為豆腐，因此靈機一動，使用牧場最盛產的牛奶為原料，參考豆腐的作法，製作出外型與豆腐相似，但卻是濃郁乳香味的甜點，入口綿密滑順讓將軍大為讚賞，「嶺岡豆腐」也就於焉而生。

早期使用葛粉熬煮，書中則以吉利丁片做簡單凝結，創造出最滑嫩的口感，製作完成放涼，冰在冰箱三小時，上方淋上和菓子專用的黑糖液後食用。

呂昇達老師的 Q&A 專欄

Q: 為什麼我的舒芙蕾會炸開？

A: 蛋白打太發。因為舒芙蕾是需要打發到濕性發泡接近半乾性發泡而已，不需要打到很發。第二個可能原因是烤箱溫度太高，一般烤舒芙蕾是 180 ～ 200℃，溫度過高就容易上方炸開。

Q: 焦糖布丁如何做出其他口味變化？

A: 一般來說布丁的口味變化可以從使用不同的糖開始，譬如改用紅糖或是二砂糖，都可以增加布丁不同的風味。另外還可添加紅茶風味，比例是對比液體材料 1/100，譬如如果配方是鮮奶加鮮奶油共 500g，在加熱的步驟時就可加紅茶 5g 下去煮，記得煮完茶葉渣要濾乾淨。

Q: 布蕾與布丁最大的差異是什麼？

A: 布丁是以雞蛋或少許蛋黃做為凝結材料，布蕾則以蛋黃做為凝結材料。法語的 Crème Brûlée，字面直譯是鮮奶油及炙燒，布蕾是鮮奶油為主的配方，因此整體來講比布丁濃郁很多；其次，布蕾的上方會再灑砂糖燒成焦糖，如果少了這個動作就不能稱之為布蕾，僅是布丁而已。

Q: 布雪如果步驟中將蛋白跟蛋黃全都打發可以嗎？

A: 可以的，如果製作布雪時將蛋白跟蛋黃全都打發，成品體積就會變得比較大，但卻也會因此口感變得粗糙。老師之所以在書中使用只有蛋白打發的做法，就是為了教大家做出鬆軟的布雪喔。

Q: 若想更換生乳卷的配方中的糖，請問有哪些推薦呢？

A. 日本的生乳卷，的確會為了創造出不同風味，變換糖的種類，譬如上白糖、三溫糖、和三盆糖，這些都是值得推薦的糖，風味很好。

Q: 如果覺得戚風蛋糕的蛋糕體真的太甜，可以怎麼調整？

A: 可以減 10 ～ 15% 的糖量，提醒大家一下，如果糖量減太多，會讓蛋糕變得太硬，因為糖是使蛋糕體柔軟的材料。

Q: 乳酪蛋糕的保存方法？

A: 建議先冰冷凍，要食用前再從冷凍庫取出冰冷藏 2 ～ 3 個小時，讓蛋糕能夠自然回復到冷藏狀態，這樣蛋糕才會柔軟。如果冷凍取出就直接吃，則會吃起來像冰淇淋蛋糕。

Q: 空氣感乳酪蛋糕跟一般輕乳酪蛋糕有什麼不同？

A: 大多數輕乳酪蛋糕都會添加奶油，但考慮到會蛋糕做好會需要先冰過，這麼一來就會讓奶油凝固，所以我們為了強調蛋糕的輕盈感，沒有添加奶油，僅用鮮奶及奶油乳酪搭配，讓蛋糕更加鬆軟。另外，這道配方如果不想加玉米粉，可以加低筋麵粉替代。

Q: 如果覺得覆盆子巧克力帕菲的巧克力風味太強烈，是否可以減少巧克力用量？

A: 答案是不行。因為這個配方沒有使用吉利丁，僅靠巧克力凝結。還有一點要特別注意，配方中的苦甜巧克力也不可用牛奶巧克力或白巧克力替代，否則凝聚力也會不夠，並且讓蛋糕變得過甜。

Q: 想用書中配方製作多一點或少一點分量的蛋糕可以怎麼做？

A: 老師在這本書中為大家設計的配方，適用於常見的 30 ～ 45 公升家庭用烤箱，包括烤盤規格也是剛剛好，因此如果分量想增加，就將配方分量 double 即可，但如果是想減量……因為書中配方已是以美味為標準的最低操作量，譬如蛋糕可以做更薄或量更少，但烤出來一定會更乾，書中配方真的已經是柔軟濕潤蛋糕的最低極限，非常不建議再將配方減量喔。

在製作中如果還有其他疑問，歡迎來找老師提問：

FB 粉絲團：
呂昇達老師的烘焙市集
Professional Bread/
Pastry Making

FB 社團：
呂昇達老師的學習日誌

呂昇達 老師
幸福的柔軟甜點

作　　　者／呂昇達
攝　　　影／黃威博
美 術 編 輯／申朗創意
烘 焙 助 理／呂昀錒、吳美香、蔡明軒、鍾雅喬

總 編 輯／賈俊國
副 總 編 輯／蘇士尹
編　　　輯／高懿萩
行 銷 企 畫／張莉滎‧廖可筠‧蕭羽猜
發 行 人／何飛鵬
法 律 顧 問／元禾法律事務所王子文律師
出　　　版／布克文化出版事業部
　　　　　　台北市中山區民生東路二段 141 號 8 樓
　　　　　　電話：(02)2500-7008 傳真：(02)2502-7676
　　　　　　Email：sbooker.service@cite.com.tw
發　　　行／英屬蓋曼群島商家庭傳媒股份有限公司城邦分公司
　　　　　　台北市中山區民生東路二段 141 號 2 樓
　　　　　　書虫客服服務專線：(02)2500-7718；2500-7719
　　　　　　24 小時傳真專線：(02)2500-1990；2500-1991
　　　　　　劃撥帳號：19863813；戶名：書虫股份有限公司
　　　　　　讀者服務信箱：service@readingclub.com.tw
香港發行所／城邦（香港）出版集團有限公司
　　　　　　香港灣仔駱克道 193 號東超商業中心 1 樓
　　　　　　電話：+852-2508-6231 傳真：+852-2578-9337
　　　　　　Email：hkcite@biznetvigator.com
馬新發行所／城邦（馬新）出版集團 Cité (M) Sdn. Bhd.
　　　　　　41, Jalan Radin Anum, Bandar Baru Sri Petaling,
　　　　　　57000 Kuala Lumpur, Malaysia
　　　　　　電話：+603- 9057-8822 傳真：+603- 9057-6622
　　　　　　Email：cite@cite.com.my
印　　　刷／韋懋實業有限公司
初　　　版／2018 年（民 107）11 月　2020 年（民 109）12 月初版 6 刷
售　　　價／450 元
Ｉ Ｓ Ｂ Ｎ／978-957-9699-47-1

城邦讀書花園　　布克文化
www.cite.com.tw　WWW.SBOOKER.COM.TW

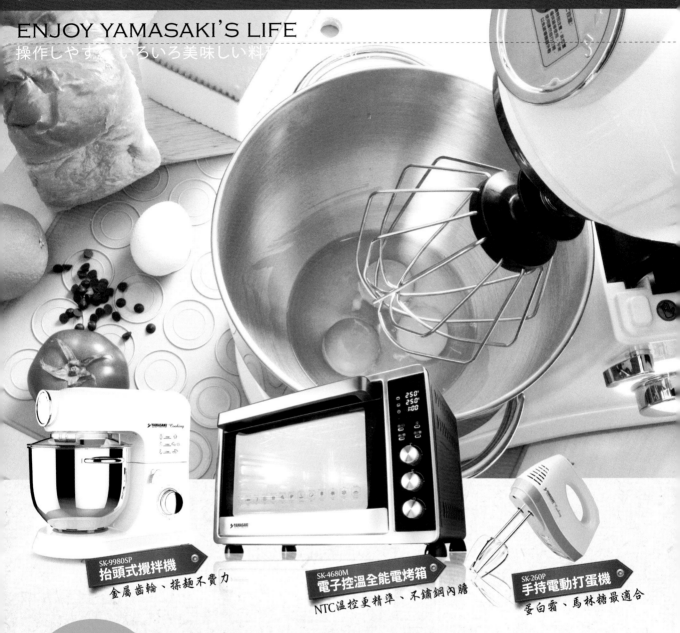